JN310953

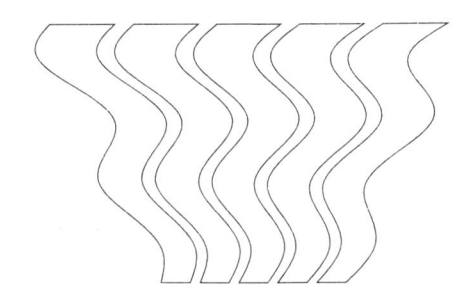

合成洗剤と環境問題

——地球環境時代の消費者運動の指針として——

大矢 勝 著

大学教育出版

合成洗剤と環境問題
―― 地球環境時代の消費者運動の指針として ――

目　　次

第1章　緒論 ……………………………………………………5
1　洗剤論争検証の目的と課題　5
2　消費者運動と合成洗剤反対運動　10
3　関連語句の定義・説明　15
　　1　洗剤類の名称　15
　　2　界面活性剤の名称　18
　　3　合成洗剤追放運動と石けん推進運動　24

第2章　合成洗剤論争の歴史的考察 ……………………………26
1　はじめに　26
2　合成洗剤論争の変遷　26
　　1　合成洗剤の登場　26
　　2　合成洗剤有害説の登場　28
　　3　合成洗剤追放運動最盛期　30
　　4　合成洗剤擁護派の巻き返しとその後　33
3　論点別考察　37
　　1　ABSのソフト化　37
　　2　富栄養化と洗剤の無リン化　43
　　3　柳澤兄弟の合成洗剤有害説　46
　　4　庵島事件と急性毒性　51
　　5　三上グループによる催奇形説　53
　　6　合成洗剤反対派の分裂と生協の動向　56

第3章　洗剤の人体への毒性 ……………………………………61
1　はじめに　61
2　急性毒性　62
　　1　LAS　62
　　2　AS　63
　　3　その他の界面活性剤　65
　　4　急性毒性に関する情報の総括　67
3　慢性毒性　72
　　1　慢性毒性と最大無作用量　72
　　2　LASの1日最大安全量に関する論議　75

3　LASの1日最大摂取量に関する論議　*79*
　　　4　小林の主張するLASの1日最大安全量について　*87*
　　　5　真に安全性を高めるために　*90*
　4　発ガン性・発ガン補助性　*92*
　　　1　発ガン性と発ガン補助性　*92*
　　　2　発ガン性について　*92*
　　　3　発ガン補助性について　*93*
　5　催奇形性　*96*
　6　皮膚障害　*97*

第4章　洗剤の環境影響 ……………………………………*100*
　1　BOD負荷とCOD負荷　*100*
　2　生分解性　*103*
　3　水生生物への影響　*104*
　4　下水処理施設への影響　*109*
　5　環境ホルモン問題との関連　*114*

第5章　高度情報社会と消費者 ………………………………*120*
　1　情報化の意味　*120*
　2　環境・安全関連情報の分類法　*123*
　3　一次情報の質について　*126*
　4　情報の表現上の問題点　*132*
　　　1　ビジュアル情報のあり方　*132*
　　　2　文章表現上の問題点　*134*
　　　3　専門家情報と消費者情報の隔たり　*137*

第6章　地球環境問題と消費者 ………………………………*141*

おわりに ……………………………………………………………*149*

文献一覧 ……………………………………………………………*153*

第1章　緒　論

1　洗剤論争検証の目的と課題

　石けんと合成洗剤をめぐる問題、つまり、人体への安全性や環境問題を考慮した場合に合成洗剤ではなく石けんを使用する方が良いという主張をもとに各方面で展開されてきた合成洗剤追放運動、または石けん推進運動と、合成洗剤メーカーを中心とした石鹸洗剤工業会や厚生省の合成洗剤有害論に対する反論による一連の洗剤論争は、日本の消費者運動を語る上で不可欠の事項となっている。

　日本の主な消費者団体の中でも、1995年のフランスの核実験に対していち早く非難アピールを発表する等の行動型団体として知られる日本消費者連盟が合成洗剤追放をその主目的に挙げているのをはじめ、生活クラブ生協（生活クラブ事業連合生活協同組合連合会）が合成洗剤追放を主張している。1988年に、九州・山口の石けん派生協が集まり結成されたグリーンコープ連合も当然合成洗剤に反対しており、独自に作成した環境ホルモンに関する消費者教育用のビデオの中でも合成洗剤追放を訴えている。一方、各生協を束ねる立場の日本生活協同組合連合会としては、すべての合成洗剤を追放すべきであるといった風潮はみられないものの、つい最近まで石けん推進の立場をとってきた。その他に、各地に合成洗剤追放連絡会が設置されており、表面的には特に洗剤を取り上げていない消費者団体でも、合成洗剤にはどちらかといえば反対する立場の団体が一般的には多く、日本の消費者運動が合成洗剤への反対運動と共に発展してきた背景が理解できる。

今後の消費者運動は、従来に比してより一層、環境問題を考慮せねばならないものとなってきたが、合成洗剤ではなく石けんを使用したり、廃食用油の回収と石けんとしての資源再利用を推し進める生活行動は、環境配慮型消費生活の代表的な具体的行動事例として重視される場合が多い。環境配慮型生活推進のための生活チェック書籍として有名な『1億人の環境家計簿』[1]には、節水と排水に関するチェック項目として"洗濯にはせっけんを適量使用し、合成洗剤は使わない"との項目が"水洗トイレは代償コックの切り替えをし、タンクに2lのペットボトルを沈めている"、"料理は盛りつけ量を調整し、食べ残し、油汚れ、調味料汚れを少なくする"といった10項目の中のトップに挙げられている。神奈川県県民部消費生活課の発行した消費者教育用の資料、『消費者ハンドブック』（平成5年）の排水問題に関する説明部でも、"また、水の汚れの原因としては、洗剤の使用もあげられます。食器洗い用、掃除用、洗濯用と、用途別にたくさんの洗剤が売られていますが、こうした合成洗剤の利用を避けて、石鹸の上手な使用やこまめに手をかけることで、洗剤に頼らない清潔な生活を工夫してみましょう。"のように、合成洗剤ではなく石けんを使用することを推奨している。同課は『暮らしのジャーナル』という広報紙を発行しているが、平成11年の5-6月号でも、"一人で、今、すぐに出来る第一歩として洗濯時に、台所で、入浴時にちょっと環境のことを考え、石けんを使う生活習慣に変えてみてはいかがでしょうか。"との記述で締めくくっている石けん使用推進の文章が掲載されている。
　また、インターネット上の情報を見てみると、環境庁のWEBページであるEICネット（Environmental Information & Communication Network）のエコライフガイド－生活に密着した環境問題－生活排水のページの「生活排水の汚濁負荷低減のためにできること」の項目には1997年～1998年時点で、"合成洗剤ではなく石鹸を利用する"、"天ぷら油はできるだけ何度も利用し、捨てるときは直接流さないようにする"、"一度にまとめて洗濯する"、"塩素系の漂白剤はなるべく使わないようにする"、"水切り袋で生ゴミを流さない

ようにする"の5項目が掲げられており、汚濁負荷として合成洗剤が石けんを上回る旨の記述が第一番に挙げられていた。ただし、当該項目は1998年12月には"洗剤の使用量は適量で（多くても効果は増しません）"、"食用油は効果的に使いきり、残っても排水口から流さない"、"洗濯物は洗濯機の容量の8割くらいでまとめ洗いをする"、"流しにはストッキング等をかぶせたコーナーを作り生ゴミ等をそのまま流さない"の4項目に変化し、石けんと合成洗剤の選択に関する項目は除かれるようになった。

　合成洗剤ではなく石けんを使用する者が全般的に環境配慮型の消費者であるという関係を示唆する研究も発表されている。Matsubaguchi[2]は生活クラブ生協の組合員と非組合員との間の環境配慮型生活行動を調査し、その結果石けん使用が環境配慮型生活行動の代表的な行動パターンであることを示している。もちろん、石けんを使用することが直接的に環境配慮型行動を誘発するとは考えられないが、石けん推進を1つの手段として利用した環境教育に、ある一定の効果が認められたと理解することはできるだろう。

　また筆者らが消費者関連業務のためのリカレント学習講座を開設するための調査研究を行った結果[3]でも洗剤問題が消費者問題として重要な位置にあることを暗示する結果を得た。当該研究は消費生活コンサルタントとHEIB協議会会員を対象に種々の消費関連講座タイトルに対する関心の大小を調査し、その結果を因子分析で処理したものである。その結果、第一因子には「クレジット問題をめぐる現状と課題」や「訪問販売法をめぐる最近の動向」等が含まれた狭義の「消費者問題」、第二因子には「消費関連職」、第三因子には「環境問題」というふうに因子が抽出されたが、その中で「合成洗剤論争の現状と問題点」は第一因子の「消費者問題」に比較高い因子負荷量を示した。すなわち、洗剤問題が消費者問題の代表的事項の1つとして捉えられている可能性が示唆された。

　その他に、有リン洗剤の追放に直結した琵琶湖での富栄養化防止条例の制定・施行は、環境問題に対応した住民主体の運動の成功例として捉えられる

ことが多く、韓国での合成洗剤反対運動にも大きな影響を及ぼした。また、学校教育や社会人対象の消費者教育の場でも、廃油石けんの製造実習が身近なリサイクル実習として取り入れられている場合が多いが、その際に合成洗剤の有害性が説明されることも多い。

　このように、合成洗剤をめぐる問題は日本の消費者運動や消費者教育の中で重要な役割を果たしてきたが、これらの合成洗剤反対運動は近年になって勢力が縮小してきたということも事実である。比較的合成洗剤には厳しい立場にあった日本生活協同組合連合会では、学習資料として「水環境と洗剤」[4]を1997年に発行したが、その中では合成洗剤を敵視する表現はなくなり、明らかに従来より合成洗剤を積極的に認めていくという方向性が見受けられた。そして、1998年、コープとうきょうでは、それまで執拗に反対してきたLAS系合成洗剤を認める方向に転換し、合成洗剤への反対姿勢を大きく和らげることになった。日本生活協同組合連合会やコープとうきょうは合成洗剤追放のリーダーではなく、穏健派の「一部の合成洗剤には反対する」という姿勢の団体の中心的存在であった訳だが、その「一部の合成洗剤」を認めることになったので、事実上合成洗剤反対の方向性が消失したとも受け取ることができる。

　石けん運動のメッカである滋賀県でも石けんの使用率は低下の一途をたどっており、琵琶湖水質保全に向けての合成洗剤反対ではない新しい方向性が模索されつつある。環境庁のホームページから石けん推進につながる記述が消失したのも前述したとおりである。

　このように、全体的な流れから見ると合成洗剤問題は「現在市販されている大部分の家庭用合成洗剤には、特に反対姿勢を表明するに足るほどの問題点はない」との方向性で、沈静化しつつあると判断できる。本書の目的は、このように、多くの者から忘れられ陳腐化しつつある合成洗剤問題を、環境問題や安全性問題と関連する消費者情報の問題のモデルケースとして再整理し、今後の情報社会における科学的消費者情報のあり方を考えていく題材と

して提供することにある。

合成洗剤に対する反対運動が及ぼしたプラス面とマイナス面を表1－1に示す。合成洗剤有害論に基づく合成洗剤反対運動は消費者運動や消費者教育の活性化に寄与し、特に、一般消費者の生活と水質汚濁等の環境問題との関連性を意識させたという点で、その意味は大きい。これら環境関連の消費者教育に対する寄与以外に、洗剤・洗浄剤に対する国内での厳しい監視によって、日本で市販されている洗剤類、特に家庭用の洗剤類は環境影響や人体への安全面等で世界的にも最高レベルの製品に成長した。つまり、日本の洗剤メーカーは洗剤反対運動を梃子として、当初は規模・技術面でまったく比較にならなかった海外大手メーカーに、十分に対抗できる技術力を身につけることができたといえる。

表1－1 合成洗剤反対運動のもたらしたプラス面とマイナス面

[プラス面]
・消費者運動の活性化
・環境問題にかかわる消費者の関心度向上
・消費者教育の新分野提供
・洗剤類の技術向上

[マイナス面]
・消費者情報の質低下
・消費者レベルでの総合的環境対策の遅れ

このように、消費者・生産者の両者に対して結果的にポジティブな効果をもたらした洗剤論争であるが、そこに問題がないわけではない。過去に発表された合成洗剤有害論の中の非常に注目されたものの大部分は技術改良で解

決したか、または有害論自体が学術レベルで否定されてきた。1980年以降、合成洗剤追放運動は徐々に衰退し、合成洗剤メーカー関係者をはじめ洗浄関連専門家の間では合成洗剤論争はすでに決着したと考えられている。環境問題との関連で一部の界面活性剤の使用量を軽減するといった運動は比較的根強く存続しているが、石けん以外の合成界面活性剤はすべて追放すべきとする運動は、消費者運動自体を衰退させる要因ともなっている。

　しかし、合成洗剤反対運動が過去の消費者運動をリードしてきたのと同様に、ここで合成洗剤運動を振り返って今後の課題を明確にし、そして具体的な今後の行動指針が形成できるならば、やはり「洗剤」を通して今後の新しい消費者運動をリードしていく起爆剤にもなり得るものと考えられる。そこで本書では以下、洗剤論争をめぐる種々の局面を分析し、今後の環境問題・安全性関連の消費者情報について求められる方向性を明らかにしていくこととする。

2　消費者運動と合成洗剤反対運動

　合成洗剤論争の過去を振り返り、その分析を行っていくと、どうしても合成洗剤反対運動のために広まった情報の不正確さや一部の非科学的な論法等に注目が集まり、それが場合によっては消費者運動自体の否定や、消費者教育不要論等につながってしまう傾向もみられる。本書も合成洗剤反対運動に伴う問題点を指摘するといった部分が多く含まれ、ともすれば消費者運動、消費者団体、消費者教育といった消費者保護環境や消費者保護理念に対する否定的な感情を高めてしまう可能性もある。しかし、資本主義社会では基本的に消費者保護の体制は必要不可欠なものであり、否定されるべきものでは絶対ない。そこで、ここではまず消費者運動についての基礎知識を整理し、

消費者団体、消費者運動、消費者教育、そして消費者保護の理念・体制は必要か否か、という点を整理していくこととする。

もともと、自給自足経済下では生産者と消費者の区別はなかった訳だが、農業技術の進歩による余剰生産物の出現や職業の分化によって物々交換を主体とする取引へと発展し、さらに貨幣の登場によって生産者と消費者の分離が明確化してきた。ただ、その時点での商取引は注文生産を主体とした形態であり、生産者と消費者とは近い距離にあり、今日の消費者問題は起こり得なかった。なお、当時の商取引において、売り手と買い手の間には買い手責任主義が基本原則とされていた。

ところが、産業革命以来の大量生産・大量消費の社会システムへと突入すると、生産者と消費者の距離は大きく離れることとなった。そこでは、消費者と事業者との力関係に大きな差が生じ、そして本格的な消費者問題が生まれるようになった。その消費者の立場を整理すると次のようになる。

① 消費者はきわめて多数でありながら未組織である。そこで商品・サービスの高度化・複雑化にともなって個人消費者がそれらの品質、安全、衛生面等についての内容を十分に理解することができなくなった。また、生産・販売システムの多様化、複雑化にともなって消費者に対する事業者の責任の所在が不明確になった。

② 消費者は毎日の生活のために商品・サービスの購入・消費をやめることができない。商品・サービスの価格、その他の取引条件が自由かつ公正な競争によってもたらされなければ、独占、不公正取引、管理価格等により消費者不利益が増大する。また耐久商品の寿命を短くすることによっても消費者は不利益を被る。

③ 消費者は合理性のほか射幸心、虚栄心、非科学性等を備えており、取引の場において心理的な弱点を持っている。生産性の向上に伴ってそれら消費者の弱点を利用したマーケティング政策、つまり誇大広告、不当表示、過大景品、流行・モデルチェンジ操作等が一般化してきた。

そこで、力関係において弱い立場の消費者により多くの保護を加えて、結果として両者の力をバランスさせる必要が生じる。1962年3月15日にアメリカの故ケネディ大統領によってアメリカ連邦議会あてに「消費者の利益保護に関する大統領特別教書」が提出された。その中に選ぶ権利、知らされる権利、意見が反映される権利、安全である権利の4つの権利が消費者に保証されていなければならないと記されており、その後の消費者教育において、この4つの権利が最重要基本原則として位置づけられるようになる。

　現在のような大企業を代表とした生産者と一般消費者の力関係は、一対一ならば必ず生産者が圧倒的に優位になるという背景がある。生産者が安全性に問題のある商品、たとえば有害な食品を消費者に販売し、消費者が被害を受けたとしよう。今でこそ、消費者はその被害に対しての補償を要求し、企業にはそれなりの社会的制裁が加えられることが当然であると考えられるが、国民生活センター、消費生活センター、消費者団体もなく、マスコミにも消費者保護の意識がないといった状況を想定したならば、個人消費者はどのように対処できるだろうか。消費者保護の体制の整っていない環境下で消費者は全く無力であり、生産者に対して何ら抵抗することができないことが容易に想像できる。現時点では多くの日本人にとって信じ難いこのような状況が、現実に欧米をはじめ日本の過去にみられたし、現在でも消費者が無力である国ではそれに近い状況がみられる。

　必然的に、欧米諸国を中心に消費者保護の必要性が認識され、個人的には力のない消費者が団結して消費者団体が生まれ、消費者に対して不利益を与える生産者を糾弾していくといった消費者運動が生まれた。国や地方自治体は生産者と消費者の力関係をバランスさせるために消費者寄りの姿勢をとることが正当であると定められ、マスコミも消費者保護を前提とした姿勢を保つ。学校教育や生涯学習の場では、消費者には保護される権利があるということを伝える消費者教育が行われた。日本でも欧米諸国の物真似ではあるが消費者保護体制が整えられてきたとみてよい。

もちろん、日本の現状の消費者保護体制がまだまだ不十分であると主張している消費者問題専門家がいることも確かであるが、着実に消費者保護体制が前進してきたことは否めない。現在の消費者問題をみたならば、大手メーカーが主体となる商品に関する消費者問題は激減し、消費者問題といえばゲリラ的な小～中規模企業による悪質商法が大多数を占めるようになってきた。"消費者問題解決のためには大企業による支配体制を打倒する必要がある"といった論調は今や時代遅れとなった。

　しかし、現在の消費者は、上記のような過程で形成されてきた消費者保護体制によって守られていることは確かである。消費者団体・消費者運動に対して、大変煩わしく不愉快に感じる者も多く存在するが、その消費者団体や消費者運動によって現在の消費者保護体制が支えられていることは忘れてはならない。地方自治体の消費者保護条例では消費者団体の援助が盛り込まれている場合も多いが、中には消費者団体寄りのその姿勢に対して反感を抱く者もいることであろう。行政は中立であるべきではないのかとクレームもあって当然である。しかし、消費者問題の過去の経緯から、行政機関等は消費者と生産者との中間に立つのではなく、消費者寄りの立場に立つことが要求されるという点を忘れてはならない。

　ただ、近年は消費者と生産者の対立関係を基本とした消費者問題の捉え方に対しての問題提起もみられ、特に地球環境問題に対応した新しい消費者問題の捉え方が求められるようになっている。この流れはやはりアメリカ等ですでに表面化しており、コンシューマリズムの発達過程と関連づけて理解することができる。

　コンシューマリズムは、「消費者主義」、「消費者主権」等と日本語で訳されるが、ここでのコンシューマリズムはむしろ「消費者運動」に近い意味として理解すればよいであろう。アメリカでのコンシューマリズムの流れは次のように理解されている。

［第一の波］
　　1800年代終わり〜1900年代初め
　　大量生産－大量流通－大量消費の社会システムが定着し、それに伴う構造的な消費者問題が発生した。それに対処するための体制づくりが進んだ。
［第二の波］
　　1920年代〜1930年代
　　商品テストや商品の格付けが確立された。「自分のカネを最も有効に使う」という合理的精神に基づく。
［第三の波］
　　1960年代
　　ラルフネーダーの「どんなスピードでも自動車は危険だ」に代表される、生産者の責任追求型の消費者運動が広まり、消費者保護の意識を高めた。基本的に、商品使用に伴う危険は生産者に責任があり、一部では刃物の生産者はその刃物に「刃に触れれば怪我をする」といった注意書きをする義務があるといった極論まで飛び出した。
［第四の波］
　　1970年代〜1980年代
　　第三の波で形成された過度の対立関係の反省より、三者合意（Happy Triangle；消費者＋生産者＋行政）の時代に移った。特に、地球環境問題への対応に関連して「消費者も加害者である」との認識に沿った方向でもある。

　このようなアメリカでのコンシューマリズムの波と照らし合わせていくと、日本での消費者運動がアメリカ1960年代の第三の波タイプのものが現在でも主体であり、その後の第四の波タイプに相当する消費者運動はほとんど育っていないことがわかる。しかし、地球環境問題に対応する消費者運動の

ためにはその第四の波タイプの運動が活性化することが求められる。本書では、洗剤問題を具体例として日本でのコンシューマリズム第四の波のあり方に関連する論を展開していく。

3　関連語句の定義・説明

1　洗剤類の名称

「洗剤」をはじめ「洗浄剤」、「石けん」、「合成洗剤」等の用語は比較的曖昧に用いられている場合が多い。「粉末合成洗剤」を「粉石けん」と混同して用いる場合があることを問題視する意見も消費者団体等から発せられることもあるが、それ以外にも用語で注意すべき点もあるため、ここで整理することとする。

「洗剤」には広義と狭義の2つの意味が含まれる。広義の「洗剤」は「汚れを除去するために用いられる物質の総称」となり、狭義の「洗剤」は「合成洗剤」や「広義の洗剤の中の石けん以外のもの」と同義に用いられる。広義の「洗剤」は「石けん」を含めるのに対して、狭義の「洗剤」は「石けんと洗剤」といった表現で用いられたりする。「石鹸洗剤工業会」の「洗剤」は狭義の「洗剤」に該当する。

「合成洗剤」は、「石油等の地下資源を原料として化学合成される界面活性剤を主体とした洗剤」として説明されることが多く、油脂を原料とする「石けん」に対抗するものとの意味合いで用いられた時代もあった。しかし、高級アルコール系の洗剤等、石油からでも油脂原料からでも生成されるものもあり、必ずしも原料が石油であるか油脂であるかという点は合成洗剤の定義には則さないようになった。なにぶん、石油を原料として石けんを製造す

ることもできるので、原料をもとに「合成洗剤」を定義するのは間違いであるといってよい。

これは、繊維に関しての「合成繊維」、「天然繊維」等に関する定義と大きく異なる点である。繊維では、木綿、麻、毛、絹といった天然の動植物の生体の一部をそのまま利用する「天然繊維」に対して、原料には関係なく化学的プロセスを経て作られる繊維を「人造繊維」または「化学繊維」と呼ぶ。そして、「人造繊維」（＝「化学繊維」）のなかに、「再生繊維」、「半合成繊維」、「合成繊維」といった細分類項目が含まれる。「再生繊維」は天然の繊維材料を溶融する等して造り出すビスコースレーヨンやキュプラレーヨン等であり、化学的な性質上は天然繊維に非常に近い。「合成繊維」は石油や石炭等の地下資源を主体として化学合成されたものであり、ナイロン、アクリル、ポリエステル、ビニロン等が含まれる。一方、「半合成繊維」は原料としては天然の素材が用いられるが合成化学の手法を用いてもとの素材とは化学的に全く異なる性質を有することになる。セルロース繊維を主原料として作られるジアセテートやトリアセテートが代表的なものとして挙げられる。

これらの繊維に関する分類方法と比較すると、洗剤関連の分類は系統的ではない。基本的に石けんも立派な合成化学の手法を用いて製造されるものであり、繊維の分類に当てはめれば「半合成」といったところになるものが大部分を占める。一方、「合成洗剤」は先述したように原料が地下資源であるというわけでもないので、繊維でいえば「半合成」と「合成」が含まれる。つまり、繊維の分類に用いられるような「合成」という定義は洗剤には当てはめることができず、通常の「合成」でイメージされるのとは異なる使い分けがなされていることを認識する必要がある。

実際には「合成洗剤」は「石けん以外の洗剤（広義）」という意味に他ならない。より正確には「天然にはほとんど存在せず、人工的に化学反応を利用して作られる界面活性剤を主体とした洗剤（広義）で、石けん以外のもの」が「合成洗剤」である。

狭義の「洗剤」は「石けん」や「洗浄剤」、また「研磨剤」等と同一の次元で用いられる語句であり、いずれも広義の「洗剤」に含まれる。狭義の「洗剤」は「石けん」と比較されたり、また含まれる界面活性剤の割合等によって「洗浄剤」や「研磨剤」との区別する場合等に用いられる。「合成洗剤」と同義に用いられる場合もあり、その定義は明確ではない。

　以上のように「洗剤」、「合成洗剤」、「石けん」、「洗浄剤」等の語句の定義は曖昧な部分が多く、しかも生活者レベルの用語であるために実際に消費者レベルで用いられている意味が優先されるべきであり、学術レベルでの定義を強制すべきものでもない。それらを前提としてであるが、本書では便宜上、次のような形式での用語を定義することとする。

【石けん】
　　脂肪酸のナトリウム塩やカリウム塩。界面活性剤を指す場合とその界面活性剤を主体とした商品としての洗剤を指す場合とがある。
【洗剤】
　　いわゆる広義の「洗剤」を指し、石けんや研磨剤等も含む。
【合成洗剤】
　　天然物としてそのまま存在しないタイプの界面活性剤を主体とする洗剤で、石けん以外のもの。
【洗浄剤】
　　洗剤の中で主として界面活性剤以外の薬剤（酸化剤や漂白剤等）の作用を利用するもの。
【研磨剤】
　　洗剤の中で主として研磨作用を利用するもの。

2　界面活性剤の名称

　界面活性剤は、1つの分子の中に親水基と疎水基（＝親油基）の双方を有する油水両親媒性物質で、その特徴を積極的に利用するものを指す。例えば、洗剤や乳化剤等に一般に用いられるものは界面活性剤と呼ばれるが、牛乳等に含まれるカゼイン蛋白は乳化剤の作用（＝界面活性剤としての作用）を示すが、そのものを乳化剤または界面活性剤であると表現することはほとんどない。界面活性剤は一般には水に溶解して、積極的に浸透・湿潤作用、乳化作用、分散作用、可溶化作用、洗浄作用等を利用するのに用いられるものを指す場合が圧倒的に多い。ただし、工業利用等では油性の液体に溶解して水性物質を乳化するのに用いたり、その他多様な用途がある。

　界面活性剤を石けんに対比した合成洗剤の主成分としての意味で捉えている消費者情報もみられる。たとえば、「合成洗剤には界面活性剤が含まれているので有害であり、石けんを用いるべきである」といった表現である。しかし、このような表現は誤りであり「石けん」も界面活性剤の一種であると捉えるべきである。石けんと対比して用いる場合には「合成界面活性剤」とすべきである。石けんが界面活性剤の一種であることは学術レベルでは国内外を問わず基本的常識とされている事項なのである。

　界面活性剤は、液性によって陰イオン界面活性剤（アニオン界面活性剤）、陽イオン界面活性剤（カチオン界面活性剤）、両性界面活性剤（ベタイン界面活性剤）、非イオン界面活性剤（ノニオン界面活性剤）の4種に分類される。洗浄に使用される界面活性剤は陰イオン界面活性剤と非イオン界面活性剤の2種が大部分を占める。

　陰イオン界面活性剤にはカルボン酸塩（石けん）、硫酸塩（**LAS、AOS、**α**－SF**）、硫酸エステル塩（**AS、AES**）等があり、非イオン界面活性剤にはポリオキシエチレン鎖が親水基の役割を果たすもの（**AE、APE**）や多価ア

ルコールの脂肪酸エステル塩等がある。陽イオン界面活性剤は洗剤としてはあまり利用されず、柔軟剤、洗髪後のリンス剤、殺菌・除菌剤等に用いられ、両性界面活性剤は一部のリンス一体型シャンプー等に用いられたりする。これらの中から表1－2に示す代表的な界面活性剤について、以下説明することとする。

表1－2　代表的な界面活性剤の分子構造

石けん	$R-COO \cdot Na$
AS	$R-O-SO_3 \cdot Na$
LAS	$R-\bigcirc-SO_3 \cdot Na$
AES	$R-O-(CH_2CH_2O)n-SO_3 \cdot Na$
AOS	$R-CH=CHCH_2-SO_3 \cdot Na$ $R-CH-CH_2CH_2-SO_3 \cdot Na$ $\quad\;\, \mid$ $\quad\;\,OH$
α-SF	$R-CH-COO-CH_3$ $\quad\;\, \mid$ $\quad\;\,SO_3 \cdot Na$
AE	$R-O-(CH_2CH_2O)n-H$
APE	$R-\bigcirc-O-(CH_2CH_2O)n-H$

(1) 石けん (Soap, Fatty Acid Soap)

日本語名称では石けん以外に高級脂肪酸塩、脂肪酸石けん、脂肪酸ナトリウム、脂肪酸カリウム等と表現される。油脂・脂肪を強アルカリでケン化するか、または脂肪酸をアルカリで中和する事によって得られる。脂肪酸には主鎖に多重結合の含まれる不飽和脂肪酸と、そうではない飽和脂肪酸とに分

類されるが、飽和脂肪酸には総炭素数が12のラウリン酸、14のミリスチン酸、16のパルミチン酸、18のステアリン酸が主体となり、不飽和脂肪酸では炭素数が18で二重結合を1つ含むオレイン酸、二重結合を2つ含むリノール酸等が主要な成分として挙げられる。そしてより詳しく石けんの成分を説明する場合には、これらの脂肪酸とアルカリ塩の名称より、「パルミチン酸カリウム」、「オレイン酸ナトリウム」等と表現される。

　石けんには常温で液体のものと固体のもの、また固体であっても水に溶けやすいものとそうでないものといった違いがあるが、その大きな要因がこの脂肪酸組成と陽イオンの種類による。すなわち、脂肪酸の鎖長が大きくなるほど融点が高く溶解しにくくなり、二重結合が増せば著しく融点が低下し、水に溶けやすくなる傾向がある。また、ナトリウム塩よりもカリウム塩の方が融点が低くなるので、液体石けんではカリウム塩が主体となっているものが多い。

(2)　AS（Alkyl Sulfates）

　日本語名称ではアルキル硫酸エステル塩、アルキル硫酸塩、高級アルコール硫酸エステル塩、アルキルサルフェート等と呼ばれる。特にアルキル基の炭素鎖長が12のナトリウム塩が洗浄剤に用いられる場合が多いが、これはドデシル硫酸ナトリウム、またはラウリル硫酸ナトリウムと表現される。「ドデシル」は炭素数12のアルキル基の名称で、「ラウリル」はその慣用名である。

(3)　LAS（Linear Alkylbenzene Sulfonates）

　日本語名称で直鎖アルキルベンゼンスルホン酸塩、ソフト型アルキルベンゼンスルホン酸塩等と呼ばれる。石油から合成される代表的な界面活性剤であり、芳香族炭化水素の核から水素1原子を除いた残基の総称「アリール」（aryl）より、アルキルアリールスルホネートとも呼ばれる。単にABSと表

現した場合には枝分かれのあるハード型ABSを指すことが多い。しかし、ABSは本来、LASを含んだアルキルベンゼンスルホン酸塩全体を指すものなので、LASを含んだ広義のABSとLASに対比される狭義のABSとで区別する。特に枝分かれのあることを強調するためには分枝型（Branch）ABS、側鎖型ABS、テトラプロピレンベンゼンスルホン酸塩（TPBS）といった呼び方をする場合もある。

炭素数12のドデシル基の付いたナトリウム塩が一般的によく用いられるが、これはドデシルベンゼンスルホン酸ナトリウム（DBS：Dodecylbenzene Sulfonate）と呼ばれる。この名称だけでは直鎖型か分枝型かの区別はつかないが、情報が新しい場合には直鎖型であることを前提として理解され、ソフト化の進んでいない時期の情報に出てくるものは分枝型のものであると判断される場合が多い。

(4) AES（Alcohol Ethoxy Sulfates）

日本語で、ポリオキシエチレンアルキルエーテル硫酸塩、ポリオキシエチレンアルキル硫酸エステル塩、アルコールエトキシサルフェート等と呼ばれる。皮膚への刺激性が少なく、シャンプーや台所用洗剤等に配合される場合が多い。

(5) AOS（Alpha Olefin Sulfonates）

α－オレフィンスルホン酸塩と呼ばれる。アルケンスルホン酸塩とヒドロキシアルカンスルホン酸塩の混合物である。主として石油を原料として生成されるが、その生分解性等は石油系の代表とされるLASよりも、植物系と表現されることの多い高級アルコール系の界面活性剤に近いと考えてよい。

(6) α－SF（Alpha Sulfoxylated Fatty Acid Estel）

α－スルホ脂肪酸アルキルエステル塩、α－スルホ脂肪酸エステルナトリ

ウム等と呼ばれ、メチルエステル塩（α－SFMe）が粉末洗剤に用いられている。原料はパーム由来の脂肪酸である。

(7) AE（Alcohol Ethoxylates）
ポリオキシエチレンアルキルエーテル、アルキルポリオキシエチレンエーテル、アルコール（ポリ）エトキシレート、第1級高級アルコールエトキシレート等と呼ばれる代表的な非イオン界面活性剤である。AE は AEO と表現される場合もある。またポリオキシエチレンは POE と略されるので POE アルキルエーテルと表現される場合もある。

エチレンオキサイド（EO）の部分が親水性を示し、EO 付加モル数が増すとそれだけ一分子あたりの親水性が増す。よって、EO 付加モル数と疎水基の長さを変えれば性質の異なる非常に多様な界面活性剤が生成できる。

生分解性や人体への安全性等で界面活性剤の中では比較的良好な性質を示し、近年家庭用品中での使用量が増している傾向にある。

(8) APE（Alkylphenol Ethoxylates）
ポリオキシエチレンアルキルフェノールエーテル、アルキルフェノールエトキシレート、アルキルフェノール（ポリ）エトキシレート等と呼ばれる。APE は APEO とも表現され、アルキルフェノールをエチレンオキサイドと反応させて得られる非イオン界面活性剤。下水処理場や河川・湖沼等での分解過程において、アルキルフェノールが生成する。このアルキルフェノールは、環境ホルモン（内分泌攪乱化学物質）として疑われている物質の1つであり、マスコミ等で注目されている。アルキルフェノールの中でも界面活性剤等の用途で用いられるのはノニルフェノール（炭素数：9）やオクチルフェノール（炭素数：8）であり、特にノニルフェノールとの名称で環境ホルモン関連情報に登場することが多い。よって、APE に関する名称で「アルキル」を「ノニル」に変えたものは、ほぼ同義であると考

えてよい。

(9) POER と POEP

　一部の消費者団体等では AE を POER、APE を POEP と表現する場合が見かけられるが、これらの略称は好ましくない。これらの表現は国内外の学術レベル・技術者レベルでは通用しないローカルな名称であり、同一物質を異なるものとして認識してしまう等の混乱の元凶となる。ますます多様化し、量的にも膨大になりつつある科学データに関しては、今後はデータベースシステム等を用いて必要とする情報を検索していくことが要求される。そのような時代に、国際的に使用されている名称があるのにも関わらず、意味なく紛らわしい名称を付与する必要性は全くない。AE に関する情報は検索システムで AE または AEO でヒットする。POER 等ではヒットしない。日本では、かなり POER や POEP とういう名称が広まったようであるが、国際的には全く通用しない。仮に POER という名称で日本から情報が発信されたとしても、それは国際レベルでは AE や APE の別名であるとは認識されないので情報としての価値がなくなる。

　もともと、この POER の名称は AE では消費者にとって理解し難い名称を理解しやすくするために付けられたものであるらしい。理解しやすくとは、AE を「ポリオキシエチレンアルキルエーテル」との名称に結びつけるのが難しいというだけで、「アルコールエトキシレート」の略称であることが理解できていたなら何の問題も生じなかった。これは AE を「アルキルポリオキシエチレンエーテル」の略称であるといった誤解に基づく名称であると考えられる。すなわち、本来の「ポリオキシエチレンアルキルエーテル」と順序が異なり、「ポリオキシエチレン」は POE と略されることが多いので、AE よりも POER の方が理解しやすいという発想である。

　このような勘違いから科学データの国際的共有に対して大きな負の遺産が残されるとすれば、この上なく迷惑な話である。実際、内分泌攪乱化学物質

（環境ホルモン）関連の情報は海外発のものが圧倒的に多く、界面活性剤関連では次に示すAPE（またはAPEO）関連の情報が重要である。当然、元情報はAPEまたはAPEOの名称である。しかし、この意味のない別名のために混乱が多少なりとも生じていることは否めない。残念ながら現在日本では2通りの名称が使用されており、専門家レベルに近い情報ではAEやAPE、大衆紙・大衆向け雑誌等ではPOERやPOEPが使用されている傾向にある。

POERやPOEPの名称を用いる理由として、AEやAPEは洗剤メーカー側が使用しているローカルな名称であるとの説明もあるようだが、これは全くの間違いで、理工学、医学、環境科学等の学術レベルで国際的に通用する略称がAEやAPEなのである。内分泌撹乱化学物質に環境ホルモンという名称を付したことに対しての否定的意見等もあるようだが、POERやPOEPの場合には国際的に通用する略称に混乱をもたらしたという点で、もともと国内のみの日本語名称である環境ホルモンと命名するのとは全く次元が異なり、きわめて憂慮すべき問題なのである。ただ、これらの物質をどちらの名称で表しているかという点からその情報の元情報のレベル（専門レベル or 消費者レベル）を知ることができるという奇妙な情報環境が形成されてしまったことは、皮肉なことに別の側面からは有益であるとも判断できる。

3　合成洗剤追放運動と石けん推進運動

洗剤論争について論じる場合、単純に合成洗剤推進派と合成洗剤反対派間の論争というふうに理解することはできない。実は、合成洗剤反対派はさらに2つのグループに分けることができる。その1つは、石けん以外の合成洗剤はすべて追放すべきであるとするグループであり、もう1つのグループはLASやAPE等には反対するが、その他の環境面・安全面で問題の少ない界面活性剤はある程度認めつつ石けん使用を推進するというグループである。やや過激派型の消費者運動家が中心になって活動しているのは前者のグルー

プであり、後者のグループは、やや穏健派と見ることができる。本書では前者を合成洗剤追放派、後者を石けん推進派、両者を含める場合に合成洗剤反対派として分けて考えることとする。

　もともとは合成洗剤有害論を絆にして合成洗剤追放派と石けん推進派の両派は一本化されていたが、1980年を境に両派は分かれた。2つのグループ間ではそれぞれ相手方に対しての批判が行われる場合もある。合成洗剤追放派の中心が柳澤文正・文徳兄弟であり、石けん推進派の中心が三上美樹である。3名ともすでに他界されてしまわれたが、現在の合成洗剤反対運動には3名の築いた土台がそのまま引き継がれていると考えてよい。

　合成洗剤追放派と石けん推進派の相違点としては、①合成洗剤追放派は複合石けんを認めないのに対して石けん推進派は容認していること、②合成洗剤追放派が人体に対する合成洗剤の有毒性を主な論点としているのに対して、石けん推進派は人体に対する毒性に関する論点は比較的少なく、環境問題に関する論点を重視していること、③合成洗剤追放派は合成界面活性剤を含めて合成物の排除を目的としているのに対して、石けん推進派はより良い界面活性剤ならば合成物であっても認めるという方針をとっていること、等が挙げられる。

第2章　合成洗剤論争の歴史的考察

1　はじめに

　本章では合成洗剤論争の過去を整理・検討するため、まず合成洗剤の出現、合成洗剤有害説の登場から合成洗剤追放運動の最盛期、そして合成洗剤追放運動の分裂から現在に至るまでの合成洗剤論争の変遷をまとめる。続いて、特に合成洗剤による環境問題として認められているABSのソフト化と富栄養化に関連した合成洗剤のリンの問題について概説する。そして、過去の合成洗剤論争の中で特に重要と思われる論点として、柳澤文正・文徳兄弟の合成洗剤有害論、庵島事件と洗剤の急性毒性、合成洗剤の催奇形説、合成洗剤反対派の分裂と生活協同組合の動向の4点を取り上げて考察する。

2　合成洗剤論争の変遷

1　合成洗剤の登場[1)、2)]

　石けんの歴史は紀元前3000年の古代バビロニアの時代に遡ると言われているが、合成洗剤の歴史は石けんに比して非常に浅い。現在の合成洗剤が登場したそもそもの原因は、第一次世界大戦中の動植物油脂の不足に悩まされたドイツで、食料以外のものから洗浄剤を作り出そうと、1916年に石炭から得

られるブチルナフタレンを原料とした洗剤を生産したことに始まるが、この洗剤の洗浄力は満足のいくものではなかった。1933年にはI.G.染料会社が石油から得られるフィッシャー法パラフィンを原料としたアルキルスルホン酸塩（Mersolate）とアルキルアリルスルホン酸塩（Igepal NA）の開発を行った。第二次世界大戦中も各国での油脂不足によって合成洗剤への期待が高まったが、ドイツ国内で開発されていたポリリン酸塩、CMC、蛍光剤の配合による合成洗剤の性能向上技術が戦後、アメリカ等に広まった。そして、アメリカでは1945年に合成洗剤の生産量が急激に高まり、1953年には合成洗剤の生産量が石けんの生産量を上回った。

　一方、日本では1931～1932年頃に合成洗剤の輸入が行われ、1936年には試験的な国産化が行われた。1950年にはアメリカのスタンダード石油系の石油化学部門オロナイトケミカル社がソープレス・ソープとよばれる石油系洗剤を持ち込んだ。1951年にはABS（アルキルベンゼンスルホン酸ソーダ）合成洗剤国産第1号製品「ニューレックス」が日本油脂から発売され、1953年には日本で最初の本格的合成洗剤として、ヤシ油還元の高級アルコールを用いた「ワンダフル」が手のかからない魔法の洗剤として花王石鹸から市場に登場した。1956年にはライオン油脂から食器・野菜洗剤の「ライポンF」が発売された。この「ライポンF」が登場した際、厚生省環境衛生部長は全国都道府県知事あてに野菜・食器等の洗浄についてなるべく合成洗剤を活用して衛生ならしめるよう指導した。そして、その後の台所用中性洗剤には"厚生省実験証明、①回虫卵が簡単に除去される、②毒性を有せず衛生上無害である"[3]と記述されたラベルが貼付されるようになる。この厚生省関与の中性洗剤推進の一件が後に合成洗剤追放派からの主要な攻撃目標となっていく。そして1962～1963年にかけて合成洗剤は石けん量を上回ったが、これはちょうどアメリカに比して10年遅れてのことであった。

2 合成洗剤有害説の登場

　日本での合成洗剤の安全性に関連する本格的論議は、1960年10月、第16回日本公衆衛生学会での小谷新太郎（順天堂大学）らの発表に端を発する。小谷はその後の洗剤論争において合成洗剤擁護派学者として合成洗剤有害論に対抗する人物であり、ここでも市販中性洗剤の有害性を訴えて洗剤を追放すべきであると主張したのではないが、ラットに対する市販洗剤の原液塗布で死亡例が確認されたという報告を行い、それが後々の合成洗剤有害論の根拠として取り込まれることとなる。

　1961年9月にはミヨシ化学合洗係長が死亡し、ABSによる中毒死と疑われた。そこで当時ABS研究を行っていた柳澤らが同社社員の尿検査等の健康診断を行い、ABSが肝臓障害引き起こす可能性を指摘し、合成洗剤有毒説の素地ができる[4]。ただし、後日の亀戸労働基準監督局からの情報では当該死亡事故は工場内での落下が原因であったとされている[5]。

　10月18日には山越邦彦（横浜国立大学）が「処置なき汚水」を朝日新聞に発表した。これは、ドイツやアメリカでのABSによる河川の発泡や下水処理場での浄化作用阻害等を紹介すると共に多摩川での発泡現象を取り上げ、以下のように締めくくっている。"自然に存在する微生物が十分にその分解力を作用させ、アルキルベンゾールのアワの膜を何とかして破る方法を考えなければならない。あるいは、これにまさるとも劣らない別の性質の洗剤を待つより仕方がない。"。このように山越は合成洗剤の公害問題に一石を投じたが、特に合成洗剤を追放して石けんを推進するという論調にはなっていない。

　11月にはミヨシ化学が、粉石けん「ハームレス・レディ」を発売する際、「いまお使いになっている石油化学による洗剤は人体に危ない点がある」との主題のパンフレット（林喬監修）を発行し、合成洗剤の人体への安全性に

疑問を提出した[6]、[7]。これが、人体への安全性に関わる洗剤有害説の始まりであり、反合成洗剤運動を石けん推進にリンクさせた運動の第一歩でもある。

1962年1月には柳澤文正（東京都立衛生研究所）と柳澤文徳（東京医科歯科大学）が合成洗剤に含まれるDBS（ドデシルベンゼンスルホン酸塩）の溶血性・酵素障害作用等を指摘し、決して無害ではないと研究結果を記者発表した。一方、同日夕刻、厚生省は「中性洗剤は通常の使用では心配はない。しかし、水洗いは十分に」と公式見解を発表する。

同年2月には大森（警察病院皮膚科部長）が、『週刊読売』でABSの皮膚浸透を発表する。また、参議院社会労働委員会が中性洗剤問題をとりあげ、柳澤文正、池田良雄を参考人として招致し意見を聴取する。4月には衆議院科学技術振興対策特別委員会が中性洗剤問題をとりあげ、柳澤文徳、小谷新太郎を参考人として招致して意見を聴取する。厚生省の怠慢との声も強く、合成洗剤問題を速やかに解明する必要がある旨の「合成洗剤の科学的調査に関する決議」を採択する。一方、灘尾弘吉（厚生大臣）は、中性洗剤の使用は人体に無害ではないとの説が出ていることから、食品衛生調査会に対して、「中性洗剤を野菜、果物類、食器等の洗浄に使用することについて」を諮問する。

5月には柳澤らにより『合成洗剤の科学』[3]が出版される。これが本格的な合成洗剤告発書籍の第一号であるが、その主張は「石油系合成洗剤は決して無害ではない」というものであり、ABS系洗剤についての「毒性を有せず衛生上無害である」との説明と、その安全説を支持する厚生省に対する告発的内容になっている。6月には科学技術庁より、「特別研究調査促進費」予算配付の内示がある。同月11日、国立衛生試験所、慶応大学、国立公衆衛生院、労働科学研究所等の研究担当機関で研究開始する。

9月には東京在住の男性が、ラベルには「人体に無害」の表示がある中性洗剤「ライポンF」をミルクと誤って飲み急死したと報道される。これがい

わゆる「庵島事件」である。死因が中性洗剤の誤飲であるとされ、マスコミの注目を集めた。ただし、後になって毒性試験の結果から死因は中性洗剤ではないと判断され、控訴は断念された。

10月には家庭用品品質表示法が改正され、合成洗剤が対象品目として施行される。11月には食品衛生調査会が、同年4月の厚生大臣の諮問に対し、「中性洗剤を野菜、果物類、食品等の洗浄に使用することは、洗浄の目的から甚だしく逸脱しない限り人の健康を害するおそれはない。」と答申する。

1963年4月には通産省が合成洗剤の品質表示を義務づける。6月には衆議院法務委員会で猪俣浩三が、中垣法務大臣に中性洗剤の誤飲中毒死に関連して厚生省、日本食品衛生協会の態度のあいまいなことを指摘し大臣に徹底的に調査することを要望する。1964年6月には柳澤文正が、国会の衆・参両院議長あてに合成洗剤の製造・販売禁止の請願書を提出し、同月27日、商工委員会に付託される。9月には朝日新聞に「世界保健機構（WHO）の機関紙9月号にガンの原因につき合成洗剤が関連する」との記事が掲載される。

3　合成洗剤追放運動最盛期

1965年4月には衆議院社会労働委員会において阿具根登（同委員会委員）よりABSの毒性と公害問題が大々的に追及され、国務大臣は中性洗剤の有毒性、公害を認める。5月に厚生省は中性洗剤の使用濃度によっては人体に障害を起こすので注意を徹底するよう各都道府県・各指定都市・各政令市衛生主管部（局）長宛に通達する。また第35回日本衛生学会で田中領三（岩手医大）は、「妊娠している白ネズミに中性洗剤を投与すると脳に異常が認められる」と発表する。7月には科学技術庁「中性洗剤に関する特別研究」の結果を答申する。

1967年4月には第17回日本医学会総会の衛生関係6分科会連合会の要望課題10「中性洗剤使用とその影響」が取り上げられ、柳澤文正座長、山岸達典

（東京都立衛生研究所）副座長で研究討論が行われ、その過程で中性洗剤の毒性と公害が強調される。一方、主婦が自殺を目的に液体台所用洗剤の原液を 160ml 飲むという事件が起こったが、入院後特に異常は認められず、後遺症も認められなかった。この事件は後に合成洗剤の誤飲による死亡事故の反論根拠としての合成洗剤擁護情報となった。

1968年4月には第38回日本衛生学会総会が東京医科歯科大学で開催され、喜田村（神戸大医学部）等の水俣病の発生機序の報告について柳澤文正が追加討論会で水俣病の原因の一部は中性洗剤によるもので、これがなければ水俣病は発生しなかったのではないかと報告する。また第65回日本獣医学会が東京大学農学部で開催され、山岸達典がDBSの免疫化学的研究を発表し中性洗剤により生体に免疫を生じることを示す。さらに、衆議院予算委員会において園田（厚生大臣）は、「農薬の溶剤と洗剤の溶剤について、近年、奇形児・不自由児等が増えている原因もあるいはここにあるのではないか」と発言する。また衆議院物価対策特別委員会で園田は「合成洗剤の毒性について非常に疑念を持っている。諸外国の例からみてもかならずしも無害とは言い切れない」と答弁する。一方、通産省の合成洗剤部会の行政指導でABSのソフト化（LAS化＝リニアアルキルベンゼンスルホン酸塩化）が始まり、70年までに分解率85％以上に達することになる。10月には小林勇（神奈川県高津保健所）が水質への汚染説を発表する。

1969年6月には日本先天異常学会で三上美樹（三重大学）がメダカとマウスの実験から、水道水による規制ABS量をかなり下回る量でメダカは脊柱湾曲を主とした奇形仔となり、マウスでは通常の使用量で外脳症・口蓋裂等の奇形を生じると発表する。人体にはABS、1.5mg/kgで障害をきたすと洗剤の経口催奇形性を発表する。7月には雑誌『ガン』8月号に佐藤寿昌（名古屋市立大学）が、ネズミの実験から発ガン物質（4-NQO：4-ニトロキノリン-1 オキサイド）へのABSの発ガン補助物質説につながる実験結果を発表する。

1970年7月には西岡武夫（文部省政務次官）は中性洗剤のシャボン玉使用

についてこれが体内に入った場合、有害であるとして教育委員会、都道府県に格段の配慮をするように通達する。また東京獣医学畜産学雑誌（第19号）で山岸達典が「ABSのマウス胎仔に及ぼす毒性」と題し、有毒性を報告する。1971年6月には朝日新聞にイギリスサセックス大学ブリッジス細胞研究所教授が洗剤等の化学薬品は遺伝的に影響がある旨警告したと報道される。また家庭用品品質表示法が改正され、洗剤の注意表示が義務化される。これにより当局も一応毒性を認めた。1972年、洗剤のための連絡会が洗剤問題を軸に結成される。3月には藤原邦達（京都市衛生研究所）が、ABSとPCBの相剰説を発表する。

1973年3月には三上美樹による実験の結果「合成洗剤がもとでネズミの胎児に奇形が発生する」と発表される。4月には三上美樹が学会で洗剤の経皮催奇形性を発表する。また食品衛生法が改正され、台所用合成洗剤に成分規格、使用基準が設定される。「非脂肪酸系0.1％以下、脂肪酸系0.5％以下」となる。5月には東京都教育庁が、学校給食に対し野菜・果物は水洗いだけで中性洗剤は使わないよう指示する。7月には土屋隆夫（東京都公害分析センター所長）らが「PCBは中性洗剤で水に溶けやすくなり、汚染は海、川にも拡散の恐れがある」と研究結果を厚生省に報告する。またソフト型中性洗剤の主成分LASが皮膚から吸収され、微量でも肝臓障害を起こすと金沢大で開かれた日本解剖学会第33回中部地方会で、三上美樹ら発表する。一方、三木武夫（首相）は、国会で、峯山昭範（参議院議員、公明党）提出の「合成洗剤による健康被害および環境汚染等に関する質問主意書」に対して、今のところ合成洗剤に有害・有毒性はない旨の答弁書を提出する。9月には合成洗剤追放西日本集会（33団体）が開催され、11月には合成洗剤追放東日本集会（46団体）が開催される。

1974年5月にはABSで肝臓の細胞に障害と坂下（三重大学助手）が新聞発表する。1974年6月5日（朝日新聞）の「＜論壇＞合成洗剤は使わない：忘れられない学術会議の論戦、林要（関東学院大教授、経済学）」では、ソフ

ト型洗剤もけっして無害ではなく、日本のような短い河川では、十分な分解は不可能であり、分解時に出てくる物質も有毒であると警告する。11月には「きれいな水といのちを守る合成洗剤追放全国連絡会」が結成され、東京で初の全国集会を開催する。

1975年、小説『複合汚染』[8]が出版され、その中（下巻：pp. 68〜115）に柳澤兄弟の主張を含めた合成洗剤有害説が平易に説明され、一般消費者の合成洗剤問題への関心を高める端緒となった。なお、内容的には藤原邦達の意見と柳澤文正、柳澤文徳のそれぞれの著作[9]、[10]が合成洗剤問題関連事項の参考とされている。

6月には東京都立衛生研究所が合成洗剤による受胎低下を示すモルモット実験を報告し、LAS使用を警告する。9月には武村正義（滋賀県知事）、メーカーに対し、粉石けん・無リン洗剤の普及を促す要望書を提出する。11月には東京都公害研究所・同水産試験所は、ソフト型も水温の低いときは分解しにくく、高級アルコール系も魚類への毒性が強い等の共同研究を発表する。

4　合成洗剤擁護派の巻き返しとその後

1976年3月には厚生省依頼のLASについての合同研究班（班長：西村京都大学教授）がLASの催奇形性を否定する旨の研究結果を発表する。また同日、厚生省は、「LASを妊娠母体に塗布した場合、奇形を誘発させることはないとされている。」、「LASの催奇性の有無を明かにする必要があったため、厚生省としても合同研究という異例の措置を講じたものであるが、この研究により明確な結論が得られたので、この問題についての疑念が払拭されるものと思う。」との環境衛生局長名談話を発表する。

1977年4月には合成洗剤の普及に反対する研究者の集まりである合成洗剤研究会が結成される。5月には大阪府公害健康調査専門委員会議が、LAS配合の台所用洗剤について、催奇形性・染色体異常・突然変異誘発性は認めら

れなかったと発表する。9月には武村滋賀県知事が滋賀県合成洗剤対策委員会を設置する。10月には品質表示法の石けんの表示等が改正される。また三上美樹が「合成洗剤は精子に影響を与える」と発表する。11月には福田首相が国会で、島本虎三（衆議院委員、社会党）提出の「合成洗剤の安全性等に関する質問主意書」に対して、通常の使用方法での合成洗剤の安全性等は内外の研究結果により確認されている旨の答弁書を提出する。

1978年10月には科学技術庁が、昭和48年度以降の催奇形性についての合同実験等の結果をまとめ『合成洗剤に関する研究成果報告書』として出版する。1979年6月には大平首相が国会で、島本議員提出の「合成洗剤の安全性等に関する質問主意書」に対して、通常の使用方法での合成洗剤の安全性等は内外の研究結果により確認されている旨の答弁書を提出する。8月には三島市が下水処理実験の結果、合成洗剤が粉石けんよりも水質を汚濁する旨の実験結果を発表する。10月には滋賀県県議会で、「琵琶湖の富栄養化の防止に関する条例」が可決成立され、翌日公布される。12月には三島市が「下水道終末処理に及ぼす合成洗剤の影響調査」を発表する。

1980年1月、「合成洗剤研究会」が柳澤派と三上派に分裂する。2月にはライオンと花王が、無リン洗剤の発売を発表する。3月には環境庁、「富栄養化対策について」を発表する。一方、きれいな水といのちを守る合成洗剤追放全国連絡会は、無リン洗剤についても有害であると発表する。4月には東京都の公害衛生対策専門委員会が、通常の使用方法では合成洗剤が人体の健康に有害であるとは考えにくいが、使用方法を誤ると皮膚障害を起こす可能性があり、適正な使用を指導する必要があると発表する。5月、きれいな水といのちを守る合成洗剤追放全国連絡会、合成洗剤追放東日本連絡会及び日本消費者連盟の呼びかけで、石けんの表示改正を要求する実行委員会が結成される。7月には滋賀県「琵琶湖の富栄養化の防止に関する条例」を施行する。12月にはゼオライト配合の無リン合成洗剤が排水管、下水管で目詰まりすることが兵庫県立生活科学研究所の調査で指摘される。

1981年12月、茨城県は「霞ヶ浦の富栄養化の防止に関する条例」を制定する。1982年2月12日、「通産省の製品安全及び家庭用品品質表示審議会」が今までの6区分を3区分（石けん、複合石けん、合成洗剤）にする内容の答申を出し、3月には表示の改正で通産省と交渉し、「石けんと合成洗剤」の2区分を申し入れる。4月には「ストップ・ザ・合成洗剤大討論会」と題し合成洗剤追放20周年の集いが東京・読売ホールにて開催される。7月には第66回総評定期大会にて合成洗剤追放運動と連携しながら、きれいな水、うまい水を飲む運動を進めることを決定する。9月、茨城県は「霞ヶ浦の富栄養化の防止に関する条例」を施行する。1983年3月に通産省は、「家庭用品品質表示審議会」の答申（1982年2月12日）を受け、「通商産業省告示第73号」で表示改正を打ち出す。

　同年5月31日には『洗剤の毒性とその評価』[11]が発行される。これは、洗剤の毒性に関する文献を広範にレビューしたもので、序文で総括代表の吉田克己が"この分野での不可欠な諸研究のほとんどが集められているものと考えている"と述べている通り、それまでの洗剤の毒性についての研究のほとんどをまとめあげたものである。本書の発行の意義は非常に大きく、以後それまで頻繁にマスコミに発表されていた合成洗剤の人体への有毒説が大幅に減少した。つまり、本書によって洗剤に関する毒性研究が世界中で幅広く行われていることが知れ渡り、新聞等の一般消費者を対象とした情報媒体といえども根拠の薄弱な合成洗剤有毒説は発信できない環境が形成された。以後、合成洗剤の有害説は環境問題関連が中心で、人体への実質的毒性を根拠とした有害説は少なくとも研究者レベルではほとんどみられなくなった。

　8月29日、厚生省は「家庭用品に係わる健康被害病院モニター報告」で合成洗剤による皮膚炎等の被害がこの3年間に305件で商品別では最悪との報告を発表する。10月19、20日、合成洗剤追放第10回全国集会が札幌厚生年金会館ホールで開催される。「未来につなごう雄大な自然」をメインスローガンに2000名の仲間が結集する。1983年2月、粉石けんと無リン洗剤の間に

挟まれて不振となった生協のCO-OPクリーンが3月いっぱいで姿を消すことになったと報道される。

1984年4月26日、公正取引委員会主催の公聴会で公正取引協議会（メーカーで構成）は品質表示の欄外にも複合石けんと明示する旨を明らかにする。6月、野村大成（大阪大学医学部助教授）は日本先天異常学会でマウスの受精卵への合成洗剤塗布実験の結果、死亡したり回復不能だった胚が16～32％と水を塗ったときの4％に比べ多かったことを発表する。7月、滋賀県の「合成洗剤環境影響調査団」（団長・末石富太郎大阪大学教授）は、LASはアユや水生生物に対して有害な作用を及ぼしているとの調査結果を発表し、規制を加えるべきと提言する。

1986年10月には粉石けん運動が6年目に入り風化してきたと新聞報道される。運動当初7割を超えた「粉石けんだけ使用」の家庭が40.6％にまで落ち込んだという滋賀県の調査結果による。1987年春、花王から小型洗剤アタックが発売され、それまでの販売シェアに大きな変化が生まれる。10月3日、合成洗剤追放東日本連絡会は厚生省交渉で非イオン系合成界面活性剤の水質基準を設けるように要請する。1989年11月には厚生省による病院モニター調査が10年目を迎えた。平成元年もやはり洗剤による被害がトップで10年連続の記録となる。

1993年5月、修学旅行の中学生109名が長野県駒ヶ根市のホテルで台所用洗剤による化学性食中毒のために病院に運ばれた。これは鉄板焼きの際、従業員が間違って油差しに合成洗剤を入れたことが原因であった。ただ、全員の症状は軽かった。この一件は合成洗剤が決して無害ではないことを証明し、一方で誤飲することによって大事に至るほどの毒物でもないことを示した事例として注目される。

1994年1月、天然植物性原料のパーム油の増産によって、東南アジアでの森林伐採や農薬汚染がひどくなっているとの報告があり、石けん推進派にショックを与えたと報道された。一方、リサイクル石けん運動は韓国やフィリ

ピン、タイ等のアジア各国で広がりを見せてきた。7月には国民生活センターが植物原料の合成洗剤と石けんの商品テストを行い、合成洗剤の新商品は石けんに迫るほどの分解速度を示すことを発表した。

1996年1月、花王とライオンが標準使用量が15g/30lの超コンパクト洗剤を発売した。これで、一回の洗濯での使用量で比較して、石けんの方がこれらの新型洗剤よりも、4〜5倍以上の量の界面活性剤を消費することになった。同一質量当たりのBODでも数倍の差があるため、実質的なBOD負荷にはかなり大きな開きが生じることとなった。

3　論点別考察

1　ABSのソフト化

河川・湖沼等への影響を論じる場合、まず界面活性剤の生分解性が問題となる。中でもABSの難分解性による河川・下水処理場での発泡問題は世界中で大きな問題となった。また、日本ではLASが生分解性の低い界面活性剤として追放の対象とされたり、石けん以外の界面活性剤の生分解性は低いという意見もある。そこで、ここではまずABSとLASの生分解性問題について説明することとする。

ABSおよびLASに関する生分解性問題を取り上げる場合には、全世界で共通して大きな問題として認められているレベルの問題点と、日本において特に注目されているが世界的にはそれほど重視されていない問題の2つの次元で捉える必要がある。前者を第一次元の問題、後者を第二次元の問題として以下説明する。

アルキル基中の枝分かれの有無で環境面・社会面での大きく異なる2種の

物質として分けられる。環境負荷が大きく社会的に問題のあったABSはハード型ABSと呼ばれ、環境負荷を少なくしたものはソフト型ABSと呼ばれ、その移行を「ソフト化」と呼ぶ。「ABSのソフト化」、「洗剤のソフト化」、「界面活性剤のソフト化」等はハード型ABSからソフト型ABSへの移行を指す。このソフト化は実は界面活性剤の主鎖構造の変化による。主鎖構造に枝分かれのあるものがハード型で、枝分かれのないものがソフト型である。枝分かれのないソフト型ABSは通常LAS（直鎖アルキルベンゼンスルホン酸塩）と表現され、単なるABSとは区別される。

　日本のABSは、1951年に国産品第1号として衣料洗濯用ABS系合成洗剤「ニューレックス」が日本油脂から発売されるようになったことから注目された。1956年には台所用ABS系合成洗剤「ライポンF」が初登場し、同年には厚生省より合成洗剤を活用して食生活の衛生面を向上させるようにとの旨の指導が全国都道府県知事宛に行われた。

　しかしABSの生分解性は低く、河川・下水処理場等での発泡が世界的に問題となった。英国では1950年にMogden下水処理場に発泡問題が発生し、これを契機に1953年に政府の要請で委員会が設立され、いちはやくソフト化対策がなされた。そして、1960年に全合成洗剤の約70％がソフト型洗剤に切り替わり、1966年に完全にソフト化した。西ドイツでは1958年に全国的にABS系洗剤が普及したが、その翌年の夏の大旱魃によって下水中のABS濃度が増加して河川や下水処理場での多くのトラブルを引き起こした。そのために1961年に「洗剤中の界面活性剤に関する法律」が議決され、1962年にその細部の発表の中で分解率80％以上という具体的数値が示された。そして1964年10月1日以降、国内におけるハード型洗剤の使用を禁止し、強制的にソフト型洗剤への転換を行った。アメリカでは1953年のオハイオ川の発泡を契機に洗剤委員会が発足し、1961年に飲料水中の水質基準（ABS含量0.5ppm以下）が定められた。さらにウィスコンシン州をはじめ2～3の州が規制を決定したので、洗剤工業会が自発的にソフト化に取り組み、1965年に

ソフト型洗剤への転換を終了した。このように、英国では1963年、西ドイツでは1964年、アメリカでは1965年に合成洗剤のほとんどが生分解性のより優れたLASに切り替えられた。

一方、日本では1961年に山越の「処理なき汚水」が新聞発表されてABSの生分解性に関わる問題が注目されるようになった。1962年には水飢饉が起こり、玉川上水で活性炭吸着によってABSが除去されていることがマスコミで大きくクローズアップされた。1962～1963年には科学技術庁と厚生省を中心とする実態調査の後、ソフト化推進の必要性が認められた。そして、洗剤メーカーが中心となってソフト型洗剤への移行の準備が進められ、1966年にソフト化に突入した。1968年にはソフト化路線が本格化し、1970年末には分解率85％以上の商品が市場の80％以上を占めるに至った。

生分解性の低いハード型ABSは、ナフサの熱分解で副生する安価なプロピレンを重合して四量体のテトラプロピレンとし、これをベンゼンと縮合してできるテトラプロピルベンゼンを原料として製造する。プロピレンの重合反応はきわめて複雑で、図2－1のa）～d）に示すような種々の形のもの、すなわち異性体が得られる。テトラプロピレンの異性体は3000種ほど考えられるが、混在しているであろう五量体のペンタプロピレンまで考えると異性体は数万にものぼる。

微生物が有機物を分解する際には分子の端から炭素を2個ずつはずして次第に小さな分子に分解していく。ところが炭素鎖に枝分かれした部分があると、その分解が停止するかまたは非常に時間がかかることになる。一方LASでは図2－2のe）やf）の構造のものが混合された状態のものが使用されている。それぞれに洗浄力等の違いがあるが、炭素鎖の枝分かれがないのでいずれも微生物によって最終的には完全分解される。

LASの製造工程では、まず次の3通りの方法でアルキルベンゼンを合成することから始まる。

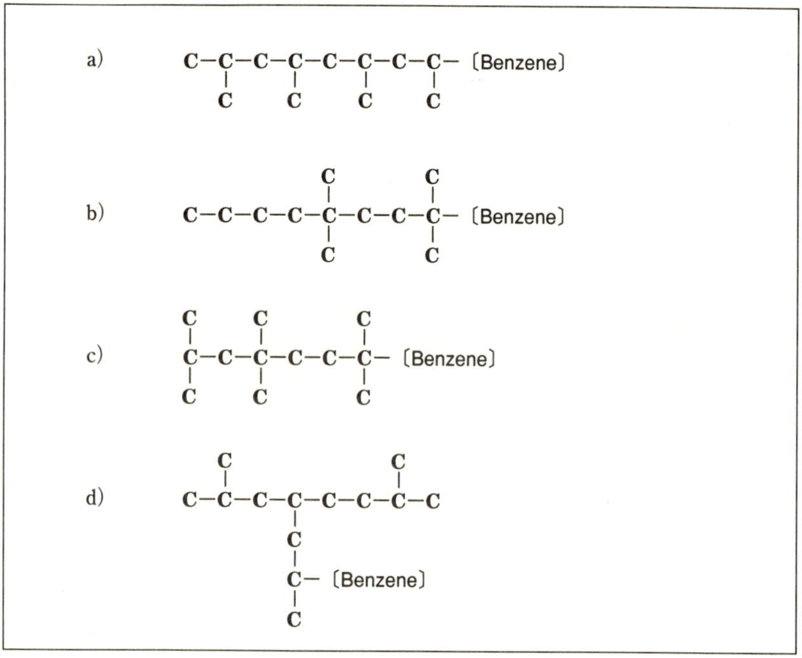

```
a)    C-C-C-C-C-C-C-〔Benzene〕
          |   |   |   |
          C   C   C   C

                  C       C
                  |       |
b)    C-C-C-C-C-C-C-〔Benzene〕
              |       |
              C       C

          C   C   C
          |   |   |
c)    C-C-C-C-C-C-〔Benzene〕
          |       |
          C       C

              C       C
              |       |
d)    C-C-C-C-C-C-C-C
              |
              C-〔Benzene〕
              |
              C
```

図2−1　テトラプロピレンベンゼンの異性体例

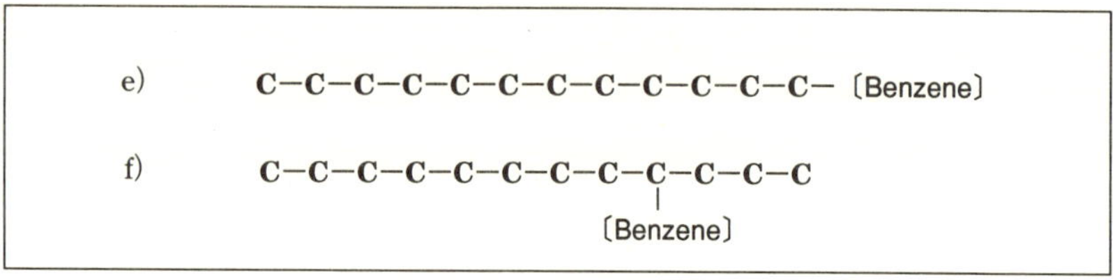

```
e)    C-C-C-C-C-C-C-C-C-C-C-C-〔Benzene〕

f)    C-C-C-C-C-C-C-C-C-C-C-C
                      |
                      〔Benzene〕
```

図2−2　LASの構造例

① n-パラフィンを塩素化し、塩化アルミニウム（AlCl$_3$）を触媒として Friedel-Crafts 反応によってベンゼンと縮合させる方法。
② 塩素化パラフィンを脱塩酸し直鎖オレフィンとし、フッ化水素（HF）を触媒としてベンゼンと反応させる方法。
③ n-パラフィンを脱水素してオレフィンとし、HFを触媒としてベンゼン

と反応させる方法。

続いて、このアルキルベンゼンをスルホン化する。以前は、発煙硫酸や無水硫酸が使われていたが、現在では硫黄を直接燃焼して生じる SO_2 ガスをコンバーターで SO_3 とし、連続的にスルホン化した後、苛性ソーダで中和してLASとする。

ハード型ABSとLASとの生産面の差は前者がプロピレンを主原料とするのに対して後者は直鎖パラフィンを原料とする点にある。原料の価格等の点でハード型ABSの方が有利であり、経済的先進国から順次ソフト化が進行した。日本を含めた経済的先進国では1970年前後にはABSのソフト化が完了したが、開発途上国ではその後も長らくハード型ABSが製造・販売されてきた。例えば韓国では1978年に家庭用ハード型洗剤の生産が禁止され、1980年に家庭用洗剤の完全ソフト化が実現したが、東南アジア諸国ではその後も長らくハード型ABSが使用されていたといわれる。

なお、アルキルベンゼンのベンゼンは英語表記のBenzeneからとったものであり、ドイツ語のBenzolに従ってアルキルベンゾールと表現されている場合もあるが、これは同一物質である。

以上のようなハード型ABSの生分解性の低さによる環境問題は、1950年より国際レベルで問題視され、現在はその有害性が事実として認識されている。すなわち、ハード型ABSは国際的レベルで、追放されるべき有害物質として判断されたのである。これが、ABS・LASに関わる第一の次元の問題であり、すでに解決した問題なので歴史的な意味合い以外に現時点では他に取り上げる意味はない。

一方、第二次元の問題は、改良されたLASに関する問題である。実は、ソフト化されたLASでも石けんやASに比較すると生分解性はかなり劣る。合成洗剤反対運動は、すべての合成洗剤を追放することを目的とした運動と、合成洗剤の中の一部の成分は追放するがより良い成分は認めるという運動の

2派に分けられるが、両者共にLASは追放すべき重点的な攻撃対象として捉えられ、その主張の中でLASの生分解性の低さは非常に重要な根拠とされてきた。それに対して合成洗剤メーカー等を中心としたLAS擁護派は、生分解性に関するLASの相対的な劣性は認めているものの、LASは先進国で採用されている環境基準を満たしているものであり、実害も生じていないので追放されるべきものではないとしている。消費者情報の中でこの問題（生分解性）についてどのように記述されているか、実例をみてみることとする。

- 『洗剤その科学と実際』[12]
 "①1978年（昭和53年）9月に環境庁が全国23地区の水域の水質と底質（底泥）について、LASを含めた化学物質を測定した「化学性物質環境追跡調査」の結果でも、ほとんどの水域の水質からLASは検出されなかった。②琵琶湖の水質について1984年（昭和59年）6月に「琵琶湖合成洗剤環境影響調査」の結果が発表されたが、それによると一部の河川ではLASが検出されたが、湖水からのLASは検出限界濃度以下であった。"
- 『あぶない無リン洗剤』[13]
 "粉せっけんは、おせんたく後、流しても1日以内できれいに分解されてしまいます。"…"LAS系洗剤（ザブ、ワンダフル等）は30日たっても1／3以上が分解されないまま川や湖の水中に溶けこんでいます。"…"粉せっけんに較べて、その分解性の悪さに言葉を失ってしまいます。"
- 『合成洗剤はもういらない』[14]
 "メーカーは、ソフト化でLASの85％が分解されるといっていますが、これは実験室で8日間もかけた場合のはなしにすぎません。日本の河川は急流で、多摩川等は、ほんの一日で、あっという間に海に流れ込んでしまいます。LASが、ほとんど分解されるまもなく、たえまなく川から海に注ぎ込んでいるわけですから、沿岸の養殖場や、沿岸漁業への影響が心配です。"

『洗剤その科学と実際』は合成洗剤擁護派、『あぶない無リン洗剤』と『合成洗剤はもういらない』は合成洗剤追放派の情報と考えてよいが、前者は実際に問題となっていないという点を主張し、後者は相対的な劣性を強調している。

さて、ここで注意する点はABS、LAS、そしてその後開発された生分解性の優れた界面活性剤について区別して考えることである。ABSの生分解性に問題があったことは、現在、合成洗剤追放論者、合成洗剤メーカー、行政関係者、そして世界中の関係者すべてが認めていることである。一方、LASについては石けんや他の界面活性剤に比較して生分解性が相対的に劣るという点については認められているが、それがLAS系合成洗剤を追放する理由として成り立つレベルなのか否かが問題点となる。

2　富栄養化と洗剤の無リン化

湖沼、河川、内海等の閉鎖系水域の水環境の良否は、その環境の対象が大きな問題となる。水がより純粋であることを良しとするのか、植物がより多く育っている環境を良しとするのか、または魚介類がより多く成育している状況が良いのかといった点である。環境問題として特に問題視されるのは人為的な汚濁物の流入により魚介類等の生息できない状態になる水汚染問題である。これはまた、人間が水源として用いるのに都合のよい最低レベルからさらに水質が悪化してしまったのと同程度の状態でもある。日本では、1969年頃から琵琶湖や瀬戸内海等の閉鎖性水域での赤潮や青潮等による魚介類への被害や飲料水の異臭等が富栄養化との関連で注目された。

湖沼等の富栄養化現象は本来自然に進行するものである。生成したばかりの湖沼は栄養分のない貧栄養状態であるが、ここに周辺より炭素、窒素、リン等の栄養分が流れ込むと、植物性プランクトン、藻や水生植物が繁殖する。すると、動物プランクトンや魚類等も繁殖するようになる。閉鎖系

水域の水の栄養素が増すことは基本的には人間生活にとってはむしろプラスに作用する。

しかし、年月経過と共に栄養素が過多になると藻類等が繁殖しすぎることになる。この中には魚介類等に毒性を有するものも含まれ、飲料水の異臭の原因ともなる。また、これらの藻類、水生植物等は枯死すると水環境中の有機汚濁物質となる。本来、適量の有機汚濁物質は微生物により分解され、一般的には酸素を消費して二酸化炭素と水を生成する好気性分解が進行する。しかし、酸素が不足してくると魚類・動物プランクトン等が死滅してしまうので魚類等を頂点とした食物連鎖体系が崩れ、藻類、水生植物等が一層増加する。また、好気性分解よりも速度の低い酸素を消費しない嫌気性分解が進み、有機物はメタン、硫化水素、二酸化炭素等に分解される。これらの分解生成物の中には酸素消費型の生物にとって有害であるものも含まれ、いわゆる「生命のない水環境」になってしまう。これは人間にとっては異臭を放つ死んだ水系として理解される状態である。この状態では有機物分解の速度は著しく低下し、堆積物の増加が加速度的になる。

自然現象としても貧栄養状態の湖が発生し、周辺の森林等からの栄養分の流入によって富栄養化が進行し、最終的には湿原から草原へと変化していくことが認められている。しかし現在問題となっているのは人為的要素によって多量の栄養分が閉鎖系水域に流れ込んで引き起こされる急激な水環境変化である。

洗剤問題との関連では以前の合成洗剤に含まれていたトリポリリン酸ナトリウム等の縮合リン酸塩が問題視された。富栄養化の進行速度を抑える方策は当該水域への栄養分の流入を防ぐことにある。この栄養分とは具体的には炭素、窒素、リンの3種であるが、二酸化炭素として供給される炭素は制限することが非常に困難である。富栄養化はこの3要素ともに満たされなければ進行しないので、富栄養化防止法としては水域に流れ込むリンと窒素を抑制することになる。通常、陸水系ではリンを、海水系では窒素を抑えること

が効果的とされる。

　富栄養化関連で最も注目されたのが日本では琵琶湖問題であろう。琵琶湖に流入する排水中のリン分を軽減するために合成洗剤に含まれるリンを排除すべきだとの運動が起こり、滋賀県では洗剤販売禁止条例（通称）の制定が話題として取り上げられた。朝日新聞1979、10／16、10／20の「論壇」に当時の洗剤メーカー側の主張と合成洗剤追放派の立場の研究者の主張が掲載されている。これによると、当時の花王石鹸社長の丸田氏は、洗剤のリン分を抑えても流入分の10％前後でしかなく合成洗剤のリン分を排除しても、糞尿、養鶏・養豚による排出物等他の汚染源を放置しての琵琶湖浄化はあり得ないとしている。それに対して、鈴木紀雄滋賀大教授は、洗剤のリンの負荷が丸田氏の主張するより多い約1/5（滋賀県試算）であり、過剰分のリンに対する割合でいうと4割になるとしている。また、滋賀県全域に下水道（二次処理）を整備するよりも合成洗剤のリンを排除する方がリンの削減率は高くなるとしている。

　結果的には滋賀県で「滋賀県琵琶湖の富栄養化の防止に関する条例」が1979年10月に県議会で可決成立し、1980年7月から施行された。これは、有リン洗剤の追放が主目的の条例と考えてよい。当時の住民からの要求が合成洗剤追放に集中していたからだ。これに続いて「茨城県霞ヶ浦の富栄養化の防止に関する条例」が1981年12月に成立、1982年の9月から施行された。一方、洗剤メーカー側も縮合リン酸塩に変わるビルダーを探索し1980年には無リン合成洗剤を発売することにより対処した。

　さて、その後の琵琶湖の状況についてであるが、植松[15]によるとリン酸イオンと総リン量の経年変化が表2－1のように示されている。条例施行後PO_4の値が特に南湖で減少し、洗剤の無リン化の影響が現れているが、全リン濃度には大きな変化が無く、クロロフィルaにも大きな減少傾向は認められない。残念ながら論争当時メーカー側が主張していたとおり、合成洗剤を無リン化しただけでは水質改善にあまりつながらないという主張が的外れで

はなかったことが実証されてしまったことになる。

表2－1　琵琶湖の水質変化データ

年	T-P（北）	PO₄（北）	T-P（南）	PO₄（南）	クロ（北）	クロ（南）
1971	0.012	0.004	0.027	0.020		
1972	0.010	0.003	0.031	0.039		
1973	0.010	0.008	0.027	0.012		
1974	0.010	0.004	0.023	0.015		
1975	0.008	0.009	0.027	0.023		
1976	0.011	0.003	0.025	0.019		
1977	0.009	0.003	0.025	0.022		
1978	0.009	0.005	0.035	0.032		
1979	0.011	0.005	0.034	0.011	5.5	13.5
1980	0.010	0.008	0.027	0.012	5.0	11.7
1981	0.010	0.005	0.022	0.007	6.1	12.8
1982	0.010	0.002	0.025	0.006	5.2	11.1
1983	0.009	0.002	0.021	0.005	4.7	10.0
1984	0.008	0.003	0.022	0.007	2.7	7.3
1985	0.009	0.004	0.027	0.009	3.8	11.8
1986	0.010	0.003	0.024	0.006	5.7	9.3
1987	0.008	0.003	0.022	0.007	3.9	9.5
1988	0.010	0.003	0.024	0.008	3.6	10.1

注）T-Pは総リン量（mg／l）、PO₄はリン酸イオン濃度（mg／l）、クロはクロロフィルaの濃度（μg／l）をそれぞれ示す。

3　柳澤兄弟の合成洗剤有害説

　1962年1月に合成洗剤に含まれるDBSの溶血性・酸素阻害作用等を指摘し、決して無害ではないと研究結果を記者発表した柳澤文正・文徳兄弟は、

日本における合成洗剤追放運動を語る上で最も重要な人物として注目される。合成洗剤追放運動の基盤を形成し、育成し、そして最後に合成洗剤追放運動の過激派指導者として合成洗剤研究会を分裂させ、実質上の運動衰退を招いたという意味で、合成洗剤追放運動と一体であったといえる。

合成洗剤論争の初期から活発に一般消費者向けの著書の執筆活動の中で合成洗剤有害論を展開したが、その出発点は1962年発行の『合成洗剤の科学：白い泡の正体』[3] であった。これは、柳澤兄弟と山越邦彦の3名での共著であるが、山越が分枝鎖型ABSによる河川等での発泡現象や下水処理に対する悪影響について記したのに対して、柳澤兄弟は人体への危険性を訴えた。ただし、「決して安全とはいえない」との主張が中心で、危険性を指摘はしているが、合成洗剤の完全追放を主張するまでには至っていない。

しかし、時間経過と共に表現は過激になり、合成洗剤は毒物なので追放すべきだとの主張に変化する。1965年の『台所の恐怖』[16] では、ソフト化洗剤に関して"わが国でもこれを使用すれば、一応、水道や公害の点は解決するわけで"のように公害関係に関してはソフト型のLASへの転換によって問題が解決するとしている。しかし、それに続いて"毒性の点ではやはりハード洗剤同様ですから、その使用法を注意することが必要で、野菜・果物の洗浄には用いるべきではありません"のように合成洗剤の毒性を主張している。特に庵島事件に関しては判決前であり、中毒死亡事故の原因としての合成洗剤の有害性を前提とした記述も多々みられるが、後の合成洗剤完全追放を訴える記述表現に比してはこの時点でもまだまだ穏和であることがうかがえる。

1973年に発行された『日本の洗剤その総点検』[9] のp.271では次のように石けん運動を勧めながらの合成洗剤追放を訴えている。"私は、次のような現実的な問題で、中性洗剤、特にABS洗剤の追放を提唱したいと思います。①まず、リン酸塩をビルダーとして使用する中性洗剤は、公害防止の面から製造、販売、使用を禁止する。②野菜、果物の中性洗剤の使用を保健衛生上

やめ、水を中心としてきれいに洗うか、皮をむけるものは皮をむくようにする。③食器洗いは石けんとし、やむなく中性洗剤を使用するときは、手あれに注意する。④洗濯には石鹸を用い、そしてできるだけ目的にあった量を使用して多くを用いないこと。"

　ただし、この時点でも合成洗剤の完全追放を直接的に主張した記述は見あたらない。

　1979年発行の『集団給食と洗浄問題』[17]は、石けん運動の拡大を目指した冊子で、学校・保育園、消費者団体、協同組合、自治労での石けん推進・合成洗剤追放運動や、学校教育への石けん運動の組み入れ等について、それぞれの現場の運動家等の執筆者によってまとめられている。その冊子を元として1981年に出版された『石けんのすすめ：学校給食編』[18]で柳澤文徳は次のように、毒性を根拠とした合成洗剤追放運動の拡大の必要性を説く。"リンの問題は富栄養化の問題のみであって、合成洗剤に用いられる界面活性剤（LAS、高級アルコール系、非イオン系）の毒害の問題にはつながらない。無リン合成洗剤は有害であるという認識が必要である。今の日本では、洗剤は石けんしかないと考えるわけである。"

　注目すべき点は『集団給食と洗浄問題』の「はじめに」に挙げられた参考書欄の記述より、『合成洗剤はもういらない』（日本消費者連盟、1976）と『続合成洗剤はもういらない』（日本消費者連盟、1978）が柳澤文徳監修であるとされている点である。双方共に後に書籍[13]、[14]として出版されているが、書籍自体には著者等に関する情報は日本消費者連盟としか説明されていない。他の書籍[19]の関連記述より船瀬俊介らが直接の執筆者であることは理解されるが、柳澤文徳が関わっていたとするなら、非常に重要な意味がある。というのは、これらの書籍には内容的な誤りが非常に多く含まれ、研究者ではない消費者運動家の当時の論評的著作としては、その意気込みに関しての一定の評価を受けても、研究者が関与した科学的情報提供型の内容としては決して認められるものではない。具体例としては次のような記述があげられ

る。"粉せっけんの素晴しい分解性を実証したこの実験結果の論文は、『油化学』という専門雑誌に、なんと英文で発表されていたのです。信じ難い話です。日本人が読む雑誌なのに、なんでわざわざ英語になおしたりしたのでしょうか？理由はカンタンです。合成洗剤に都合がわるく、粉せっけんにはるかに有利な実験結果が出たからです。合成洗剤の販売促進に都合の悪いデータはたとえ「身内」からのものであっても潰す。言語を絶する非情な洗剤メーカーとしての「犯罪性」が浮かび上がってきます。研究者の無念の歯ぎしりがきこえてくるような気がします。"[20]

　この部分より、どう考えても執筆者らが実際の理系研究の実情に対する理解を完全に欠如していると判断せざるを得ない。英語を用いるのが都合の悪い部分を隠すためであるといった発想は、研究者レベルでは三流の笑い話にすらならない。その他に、催奇形性、発ガン性、肝臓障害等の断定的表現や事実の歪曲表現も多く、この問題に深く関わっていた国立大学医学部教授が関与していたとなればその責任は大きい。

　いずれにしても柳澤兄弟は非常に活発に合成洗剤追放運動を繰り広げたが、1980年の合成洗剤研究会分裂後、その勢いは衰えていく。1982年に柳澤文正が執筆した『洗剤とまれ』[21]では三上派の、特に小林に対する攻撃部分（後述）は目を引くが、1962年の資料が書籍全体の2／3を占め、特に目新しい見解もなく全体的な勢いは消失し、次のように記している。"しかしながら、たとえどんな圧力があっても、私は合成洗剤の全面追放を主張し、世間に訴えつづけていかなければ、この国はほろびてしまうと思っているのです。"

　このように客観的事実ではなく自らの信念を前面に押し出しており、残念ながら、もはやそこには科学者としての論理性は感じられない。

　以上の合成洗剤論争の中での柳澤兄弟の果たした役割について論じる場合、そのパーソナリティについて注目する必要がある。富山の毒性に関する論説に対するコメントの一部にみられる"毒性という生物学的研究の解釈を

するのに、工学博士という方で解明ができるのでしょうか。"[22]といった記述、柳澤文徳・掛川貞夫パネル討論会記録にみられる"LD_{50}でですね、毒性大なのを、毒性なしといって売りっぱなすような、そんなね、商売人と私どもちがいますよ。"[23]、柳澤文正・近藤邦成・矢ヶ崎神治の討論会での"学者は実験なしに物は言わない。実験のできない人は黙っていて頂きたい。"[24]といった発言から、学者としてのプライドが高く、かなり攻撃的な個性がうかがえる。それは、"業界では、柳沢博士と論争することをいやがって相手にしないという態度だから"[25]といった部分からもうかがえる。また、"偶然が私どもをこの問題に近づけてくれさえしなかったら、私どもはそれぞれの専門の世界で、権威と平和に守られて、平穏に生きていることができたでしょう。"[26]といった記述からは「権威」に対する特別な意識も感じられる。

　その柳澤兄弟が、"協会と企業が自粛を重ねている矢先に「風変わりな」また「いいかげんな発表」があったという主張をしているようです。"[27]、"こんなふうに私の中性洗剤研究には、たえず圧力が加えられたものです。"[28]と感じていたのである。

　実際、柳澤兄弟の主張する有害説の根拠の肝臓障害、人体への超高吸収性、催奇形性、水俣病原因説等がメーカーサイドからの攻撃目標とされた。誤用等によっては毒物となりうるので「安全」との表現は不適であるとの主張であれば、特にメーカーからの積極的な反発があったとは考えられない。しかし、有害説の根拠として示された各論点は、消費者からみれ「決して安全とはいえない＝注意して使用すべし」といったレベルではなく「毒物である合成洗剤は即刻追放すべし」といった結論につながるものであった。例えば"この実験では、口から入ったABSは、60％以上血液に移行するものと考えられる成績である。"[29]のように、研究者レベルで認められている一般的なデータ（3章：小林算出式で7.14％）からみると全く見当違いのデータを根拠としていたことは重要である。営利を目的とするメーカーサイドが柳澤兄弟への総攻撃、特に柳澤の有害説の誤りを訴えるキャンペーンを展開したこ

とは当然のこととして理解される。一方、柳澤兄弟がその高いプライドを傷つけられ、洗剤メーカー側に対して憎悪とも呼べる感情を抱いたであろうことも容易に想像できる。

これまでに世界的に広く認められた合成洗剤の有害性は、ハード型ABSの生分解性の低さと縮合リン酸塩による富栄養化等の環境関連事項である。国内ではLASが他の主要な界面活性剤に比して皮膚への影響や生分解性が劣る点等が指摘されてはいるが、柳澤の主張した人体への有毒説の多くは学術レベルで否定されている。当然、当時の学術的論議でも時間経過と共にメーカー側が圧倒的に有利な立場となった。

そのような非常に不利な立場で柳澤兄弟は消費者運動との連携という方策で対抗した。消費者と科学者が相互に連携し、学術データと消費者運動を結びつけるということは、研究成果の社会還元、消費者運動の科学性の向上といった意味で、本来は非常に望ましいことである。しかし、合成洗剤追放運動に関しては、メーカーや学会の消費者運動軽視、柳澤兄弟のパーソナリティに起因した関係学者の逃げ腰姿勢等も災いし、消費者団体等には合成洗剤追放派の情報のみが提供された。そして、結果的には学術レベルでは不利な立場にあった柳澤兄弟を中心とする合成洗剤追放派学者によって、消費者運動がメーカーへの報復手段として用いられてしまったということになる。

4　庵島事件と急性毒性

1962年9月に東京在住の男性の庵島氏が中性洗剤「ライポンF」をミルクと誤って飲んだ後、中性洗剤の毒性が原因で死亡したと報道された。訴訟事件となったが、その後の裁判では、動物実験によりライポンFは死因に関係せずと結論づけられ、1967年原告敗訴になったが、遺族の意向により控訴が断念された。また、事件の報道時には無害表示が問題視されたが、裁判の中で当事者の使用した洗剤には無害表示はなかったことが明らかされた。これ

は、柳澤の著作にも、"そのとき、国（厚生省）は死亡者のものにはなかったが、当時はまだあったことをみとめているのです。"[30]として記述されている。

合成洗剤反対派でも理系研究者は一般には庵島事件には触れない。事件に関連して行われた当時の動物実験は現時点で考えると十分ではなかったような印象は拭えず、裁判の結果自体が合成洗剤反対派を説得するに足るものであったというわけではない。その後、続々と発表された種々の動物実験データ、および洗剤の誤飲中毒臨床データ[31]、[32]から、0.525gのABSに人体に対しての経口急性毒性があるとは考えられないというのが真の理由である。

以上のようにLASの急性毒性については内外で比較的多くの研究報告があり、やや厳しく見積もって経口毒性が1000mg/kg程度と判断できる。柳澤は1.6～2.15g/kgの値を示して中等度の毒性とし、東京都の報告書[33]では軽度毒性（0.5～5g）としている。いずれにしても動物実験で得られた急性毒性試験結果はオーダー的にも比較的近い値が得られており、信頼性にも問題はないものと考えられる。

一方、合成洗剤の誤飲等の臨床データとしては『台所の恐怖』[34]と『化学洗剤とその周辺』[35]で紹介されているが、庵島事件を除いて死亡事故はない。特に1967年の自殺未遂事故は合成洗剤死因否定説を裏付ける有力情報の1つとなっている。

研究者レベルではLASの急性毒性に関しては量的問題が論議の対象となるが、庵島事件には関連づけて論じられることはほとんどない。しかし、研究者レベルではない消費者リーダーによる著書ではLASの急性毒性を示す一例として庵島事件が取り上げられている場合がみられる。代表的な記述を次に示す。

"雪印の粉ミルクとまちがえて、一口飲み、1時間40分後に悶死した若い父親、庵島さん（32歳）。彼は、誤飲直後、あまりの刺激的な味に奥さんにライポンFの容器を持ってこさせています。そこには、次のように囲み印刷

されていたのです。「厚生省実験証明─毒性を有せず衛生上無害である」これを読んで、彼は「ああ、人体に無害か……」と安心してしまった。そこにはさらに「ライポンFは食品関係の専用洗剤として厚生省や各種公共機関の厳密な審査により、最も優秀であることが証明され、推せん第一番号を得ております」とある。これで、彼は安心を深めた。かえすがえすも残念でならない。なぜなら、この時点で救急車を呼び、胃を洗浄していれば、助かったはずなのだ。庵島さんは、その後気分が悪くて二回嘔吐。口直しにカルピスを飲み、胃腸薬を飲んで横になったが、一時間余りして、ものすごい呻き声をあげ布団の上に海老ぞりになって立ち上がり、枕に突っぷしてこときれた。警察の司法解剖で、胃の内容物から0.525gのABSを検出。警察もABSの急性中毒死であると、断定した。幼児を残して、この若い父親は、厚生省の「無害表示」に殺されたのである。"[36]

　このように船瀬の記述では、裁判で明らかになった容器の無害記述に関して事実とは異なる記述がみられるのをはじめ、理系研究者間で量的観点から否定されたABS死亡原因説を断定的に取り上げている。これは、事件発生時の報道の論調を誇張して論じたものである。その後の裁判で明らかになった訂正点等を全く無視しており、1991年の発行物である点を考慮すると消費者情報としての問題性が指摘される。この書籍を科学的情報提供型の商品としてのモノサシで評価すれば、明らかに不良品・欠陥品であると判断できる。

5　三上グループによる催奇形説

　1969年6月には日本先天異常学会で三上美樹（三重大学）がメダカとマウスの実験から、水道水による規制ABS量をかなり下回る量でメダカは脊柱湾曲を主とした奇形仔となり、マウスでは通常の使用量で外脳症・口蓋裂等の奇形を生じると発表する。人体にはABS1.5mg/kgで障害をきたすと洗剤の経口催奇形性を発表する。また1973年3月には三上美樹による実験の結果「合

成洗剤がもとでネズミの胎児に奇形が発生する」と発表される。4月には三上美樹、学会で洗剤の経皮催奇形性を発表する。このように三上によって発表された合成洗剤の催奇形説はマスコミで大々的に取り上げられ、合成洗剤追放運動を著しく活性化した。三上は柳澤兄弟と並べて称せられる、合成洗剤論争の中での重要人物である。

　三上グループの催奇形説は論文として学術研究レベルで発表されており、その他の多くの合成洗剤有害論が国内のマスコミのみに向けての発表していたのと異なり、国際的なレベルでの安全性論争が巻き起こった。三上グループは経口投与、経皮投与、皮下投与に関して幅広く液体台所用洗剤と主成分である合成界面活性剤の催奇形性を発表したが、その後、多数の研究者から催奇形性を認めなかったとする研究結果が発表された[37]。

　1969年に三上が合成洗剤の催奇形性を発表した後、三上グループによる合成洗剤の催奇形性に関するポジティブデータと三上グループ以外の研究者によるネガティブデータが数多く発表された訳だが、この件に関して、例えばS.D.A.報告書[38]では三上グループの発表の一例として、井関・三上[39]の結果を示し、観察されたどのパラメーターについても用量－反応相関がないので催奇性の原因はLASではないとしている。また、三上[40]と同じ市販洗剤を用いたPalmerら[41]の実験で催奇形性効果がみられなかったことなどから、三上の主張するLASおよびLAS含有洗剤が催奇形の危険性を持つという考え方を支持できないとしている。また、Wilson, J.G.は『Handbook of Teratology』[42]で妊娠マウスやラットを用いた中性洗剤が催奇形性を示すという発表を取り上げ、これは他のすべての追試実験で再現されないことから否定されるべきものと記している[43]。

　西村が班長をつとめた1975年の合成洗剤の催奇形性に関する合同研究の意味は、三上教室から提出された催奇形性実験に関する確認試験であり、特に三上教室を交えた4大学において全く同一の実験を行うという異例のものであった。すなわちこの研究で三上教室が主張していた催奇形性が発現しなけ

れば、それまで三上教室が発表し、マスコミの大きな注目を集め、合成洗剤追放運動の最も大きな推進力となっていた合成洗剤のほ乳類に対する催奇形性が否定されるという意味を持つ。その結果、三上は合成洗剤の催奇形性を否定はしなかったものの、それまでに提出していた合成洗剤催奇形説の裏付け研究の再現性は否定され、専門家レベルでは合成洗剤の催奇形説は葬られた。三上は当然合成洗剤有害説を曲げることはなかったが、論点は催奇形性以外の有害性へ、またはつぎに示すような進化論からみたほ乳類における催奇形性の発現の可能性といった方向に有害説を展開していく。"まだ、ほ乳類に対する催奇性については多くの議論がなされています。しかし、進化論の立場からみて水棲生物、両棲類、ほ乳類と進化しても授精から孵化までの発生のメカニズムは基本的に同一ですし、遺伝子のDNAやRNAの構造の損傷によって、突然変異が起こるというメカニズムが、単細胞の細菌類からヒトまで基本的には同じだ、ということからみても、水棲生物、両棲生物に催奇性の認められたものは、ほ乳類であっても催奇性の危険があるとみなすべきだと思います。"[44)]

　そして、何より次のような記述がみられたことは重要である。"しかし、万一、かりに、催奇形性が否定されたとしても、その事自体は、合成洗剤の毒性を全般的に免罪する事を意味する訳ではない。"[45)]

　「万一」や「かりに」が重ねて用いられてはいるが、この表現は、実験によってほ乳類に対する催奇形性を証明した研究者からの発言ではあり得ない。動物実験によって証明した再現性のある事実が学会等で認められないならば、それは何らかの圧力によって徹底的に事実が曲げられていることを意味し、それに対抗するには世界中のより多くの研究者に訴えて自らの実験結果を支持する追試を待つのが常道である。特に現在は界面活性剤による催奇形性といったレベルの、実験によって比較的簡単に証明できる事実を覆い隠せるだけの圧力を発することのできる組織・団体等がこの世の中に存在するとも考えられない。よって、実験証明した事実が否定されることを仮定条件

としての発言などあり得ない。再現性のある催奇形性実験の方法、結果等の詳細について世の中のより多くの研究者に伝えるように働きかけることこそが、真に催奇形性を証明した研究者のあり方である。つまり、「催奇形性が否定されたとしても」との述部分から、ラットを用いて証明したとされていたほ乳類の催奇形性に関する実験結果を、その研究グループの代表者自らが否定したものと理解できる。

このように三上グループから多数の催奇形性データが発表されたが、事実上は、ほ乳類への催奇形性を実証的に証明したとされたデータはその実験の責任者自体によって否定されたと考えてよい。しかし、一般消費者レベルでは「催奇形性の指摘があった」事実のみが取り上げられ、中には「合成洗剤の催奇形性が多数の研究で証明されている」といった表現もみられる。この現状は、合成洗剤に関する催奇形性についての情報が全く曲げて伝えられているという点で大きな問題であると考えられる。

科学者として真に追放すべき合成洗剤の有害性を認めているなら、自分の回りの取り巻きに対してではなく、世界に対して科学者レベルでの警告を発するべきである。そうしないのは怠慢、いやむしろ毒性学者としての犯罪に相当する。また、欧米では認められるが日本では認められないといった人体への毒性、つまり水の硬度が高いがために石けんは使いにくいといった理由で許容されてしまう程度の毒性では、日本においても合成洗剤追放の根拠にはなり得ない。それは、石けんを主体とするメーカーと合成洗剤を主体とするメーカーとの間での販売競争の次元の話であり、消費者団体が振り回される必然性などかけらもない。

6　合成洗剤反対派の分裂と生協の動向

1977年4月に結成された合成洗剤研究会は、日本における合成洗剤追放を唱えるオピニオンリーダーの集まりである。しかし、この研究会は1980年1

月に柳澤派と三上派に分裂する。これは、「合成洗剤の環境および生体に対する影響を研究する」目的を掲げて発足したが、1979年に当時の会長の柳澤文徳から「影響を研究する」ではなく「危険性を研究する」に変更するようにとの動議が出された事に端を発する。両派の間にはかなり激しい対立関係もみられた模様で、関連記述をみると以下のようなものが挙げられる。"学者は筋を通さねばならない。これは大衆とはまったく関係のないことであり、あの連中は生協の洗剤を推せんしていますが、ハッキリ申してアルコール系洗剤にも毒性はあります。生協では最初アルコール系洗剤と言い、今はしょ糖脂肪酸と言っている。今一番貴重な砂糖をなぜ洗剤に使う必要があるのですか。そういう行き方の生協に肩もちする学者は頭が変だと思います。私たちは洗剤によってどうという事もなく、正しい事を最後まで皆様に申しあげただけで、最初から責任をとって頂きたいと申しあげております。"（埼玉県岩槻市「合成洗剤と粉石けんについて考える」(1980年)記録の柳澤文正の発言より)[46]、"小林氏らが「科学技術者だけの会議」を開催されるのかと思ったのは、どうも私の思いちがいのようで、要は「よりよい洗剤」を認めてくれる消費者運動ならばいっこうにかまわないということのようです。こうした「戦術的」というか「戦略的」というか、ご都合によって「運動」を引っ張っていこうとする科学者がいるところに、いつも「混乱」がともなっているのです。"[47]、"独善的で排他的な運動団体のエゴイズムが、他の組織のとりくみの遅れや方針、意見の相違に対して中傷的な発言になって現れたり、行動することによって、運動自体に対する社会的な信用を失わせる危険性があります。"、"不毛の論争にあけくれて、小異をすてて大同につく雅量もなく、他の組織の批判や攻撃に終始して、みずからもまた客観情勢から孤立して、常に一部の少数派である、そのような態度は潔癖な理想主義的な行き方としては評価できても、ついに現実的な一歩、二歩前進によって現実を切り拓くこともなく、そのあいだに環境破壊を決定的に取り返しのつかない状態にまで追いこむことさえありうるでしょう。"[48]

このように、両派の間にはかなり感情的とも思われる対立関係が存在したが、その分裂原因には日本生協連の動向が大きく影響している。日本生協連は1966年にABSに代わるソフト化LAS洗剤として「コープソフト」、1969年にはLASを排除した高級アルコール系洗剤「セフター」、1979年には衣料用洗剤「コープクリーン」のサンプル5万個普及運動に取り組んだ。合成洗剤反対運動の追放目標はLAS、リン酸塩、蛍光増白剤の3種であり、基本的にはAS等の界面活性剤を認め、合成洗剤完全追放運動とは方向性を異とした[49]。例えば、コープさっぽろの出版物の中で、次のような記述が見られる。"この洗剤問題でも、コカ・コーラと同様な問題が存在した。当時の消費者運動の一部に、「粉石鹸こそ唯一の洗剤」とする主張があったが、コープさっぽろでは、それでは逆に別の環境問題が発生すること、運動的には幅を狭めてしまうこと、粉石鹸を含めてよりよい洗剤へ切り替えていくという、現在ではごく常識的な運動を当初から提起していたという点でも評価ができるだろう。"[50]といった記述もみられる。

一方、生活クラブ生協連合会の発行物をみると、次のように合成洗剤を否定的に捉え、植物油脂原料の合成洗剤についても一蹴している。"一方、合成洗剤の界面活性剤は、石油から合成したABS、LAS等が中心で、これにゼオライト、蛍光増白剤、エデト酸塩、酵素等、様々な助剤が添加されています。合成洗剤の助剤には人体、環境に毒性として働く危険なものが多いのですが、なぜこんなにも添加してあるかというと、純せっけんに比べ、合成界面活性剤の洗浄力が低いせいなのです。"、"毒性実験ではABS、LASと何ら変わっていません。安全なのは唯一、「せっけん」だけなのです。"[51]

もともと、生活クラブ生協神奈川の「合成洗剤追放対策委員会の設置および運営に関する条例」制定の直接請求の署名運動（1980）をめぐって生活クラブと日本生活協同組合連合会の間に亀裂が生じていた。請求内容が日生協の方針と異なること、また神奈川生協連の一員であった生活クラブ生協神奈川が事前に県連に協議しなかったことなどをもとに、各生協組合員に対して

この直接請求運動に協力しないように要請したとのことである[52]。両者の主張の違いは埋まることなくそのまま現在に至っているが、柳澤兄弟と三上が他界した後、日生協は小林勇が、生活クラブは坂下栄がそのブレーン的存在を引き継いだと考えてよいであろう。

このように、両派の主張は合成界面活性剤をすべて否定するのか、またはLASは追放するがすべての合成界面活性剤を否定はしないという点での主張の違いがある。ただし、三上は、次のように基本的にはすべての合成洗剤に対する有害論者であるとの一面もある。"以上、ながながと述べてきましたが、市販の合成洗剤、厚生省提供のLAS、LAS-S、AES、AES-S、AOS、AOS-S等はすべて環境汚染はもとより、生体障害性や催奇形性があるという「洗剤有害論」が、わたくしどもの結論です。"[53]

一方、小林は1975年の時点で合成洗剤全体の否定的記述は多々みられるものの、AS支持の日生協を意識して合成洗剤追放といった態度を明確にはしていない[54]。また小林には、次のように大きな発言内容の変化が見られる。"日本で石けんが最高に消費されたのは、昭和34年（1959）で38万トン、このとき合成洗剤は5万トンも消費されていません。この時代には石けんと合成洗剤による環境汚染はありませんでした。"[55]、"石けんが最高に生産・消費されたのは1959年のことで、38万トンでしたが、この時期も横浜市の運河河口付近では、膝まで埋まるほど石けんカスのヘドロが川底に溜まった歴史的事実があります。環境中での分解性のよい石けんといえども過剰に排出されれば、環境を汚染してしまいます。合成洗剤を石けんに置き換えるだけでは、問題は解決しないのです。"[56]

前者の記述と共に石けんの消費量拡大を訴えた後、1993年の後者の記述では、石けんによって環境汚染があったことを示している。前者と正反対の発言内容である。

また生協連ユーコープ事業連合商品検査センター所長との立場で"しかし、外資系のアムウェイの商品のようにPOERを単独で使用している洗剤は、環

境水域で高濃度の POER 汚染を生じる可能性があります"に続いて"ただし、「セフターE」や「うねり」のように AS を主体にし、補完的・制限的に POER を使用している限り、問題を起こすとは考えられません。"と記している[57]。営利企業さえ、その商品宣伝では当社製品比較データを示すのが一般的になってきた現在、生協のマーケティングセンスに対して疑問が呈されるほどの露骨な生協擁護姿勢である。ただし、これはあくまで小林の個性によるものであり、日生協から直接出版された『水環境と洗剤』[49]では他社製品に対する否定的見解は見当たらない。

第3章　洗剤の人体への毒性

1　はじめに

　洗剤論争の中で、人体への毒性関連の事項としては、界面活性剤の急性毒性、慢性毒性、皮膚障害をはじめ、催奇形性、発ガン・発ガン補助性、肝臓障害等、また蛍光増白剤の発ガン性に注目が集められてきた。また日本の消費者からは、人体に対する毒性について十分な試験が行われていない合成界面活性剤の含まれた洗剤を販売・許可しているとの理由で、国内洗剤メーカーや管轄官庁が非難される場合が多い。しかし実際には、国際的な研究レベルでは相当数の安全性関連研究が行われており、各種レポートとしてまとめられている。

　アメリカでは米国石鹸洗剤工業会（S.D.A.）の1977年レポートと1981年レポートが報告された。これは、日本でもフレグランスジャーナル臨時増刊『界面活性剤の科学：人体および環境への作用と安全性』[1]として翻訳・発行されている。これは、**LAS、AS、AE、AES、APE、AOS、ASA**の7種の界面活性剤についての環境中の濃度レベル、生分解性、環境安全性、および人に対する安全性に関する内外の文献を整理したものである。

　また日本では1983年に『洗剤の毒性とその評価』[2]（厚生省環境衛生局食品化学課編）が発行された。これは界面活性剤の毒性に焦点を絞った研究レビューである。こちらは LAS、AES、AOS、AS、AE、ポリオキシエチレン脂肪酸エステル、脂肪酸塩の7種の界面活性剤についての、急性毒性、慢性毒性、変異原性、催奇形性、発ガン性、皮膚への刺激性等に関する研究をま

とめている。発行時期が合成洗剤問題をめぐる安全性論議のデリケートな時期であったこともあり、それまで合成洗剤擁護派が多数を占めていた洗剤関連の専門家はあえて著作メンバーから外し、熊本水俣病を指摘した喜多村正次や、新潟水俣病を指摘した滝澤行雄らがレビュー作業に参加している点にも特徴がある。

　一般の消費者には知られることがほとんどなかったようであるが、実際には過去に膨大な実験結果の蓄積がある。ここでは、その中から一部の分野について専門家水準での結果を収集し、それらを基準として消費者レベルでの情報の評価を行うこととする。

2　急性毒性

1　LAS

　LASの経口毒性については初期の研究でラットのLD_{50}値が650および1260mg/kg（Swisher）[3]と発表されたのをはじめ、900mg/kg（ラット, Buehler）[4]、市販LASについて700〜2480mg/kg（ラット, Continental Oil Co., Monsanto Co., Procter & Gamble Co.未発表）のデータがある。また千葉[5]はマウスのLD_{50}値が2300mg/kgと報告し、小林ら[6]はSLC Wistar系ラット（Specific pathogen free）が404〜873mg/kg、Wistar系ラットが1525〜1820mg/kg、ddy/S系マウスが1575〜1950mg/kgの値を得た。その他に、神奈川県[7]がddy系マウスのLASについて2010mg/kg、種々の台所用洗剤について1566〜2663mg/kg、伊藤ら[8]のCRJ/JCL系マウスについての2160〜2250mg/kgのデータが示されている。伊藤らはさらにLASのMg塩についても2600〜3400mg/kgの値を示している。その他、桑野ら[9]、国

田ら[10]は市販中性洗剤としてワンダフルKの6600mg/kg（雄）、8100mg/kg（雌）、ママレモンの8000mg/kg（雄）、9100mg/kg（雌）等のデータを発表している。そして、『洗剤の毒性とその評価』[2]ではマウスの経口LD_{50}値を1575〜3400mg/kgであるとし、ラット、ハムスター、家兎もほぼ同様であると結論づけている。また東京都の『洗剤・洗浄剤の安全性等に関する調査報告書』[11]でもその値を示している。

経皮急性毒性については、市販LASのウサギの無傷な皮膚に対しての投与で、最小致死量が200〜1260mg/kgであるとのデータ（Monsant Co.未発表）がある。皮下投与でのLD_{50}値は神奈川県[7]のddy系マウスの1386mg/kg、伊藤ら[8]のCRJ/JCL系マウスの1250〜1520mg/kg、CRJ/SD系ラットの710〜840mg/kg、台所用洗剤を用いた実験で神奈川県[7]がddy系マウスに対して1126〜2140mg/kgの値を示している。

静脈注射ではHopperら[12]のマウスに対する115mg/kg、伊藤ら[8]のCRJ/JCL系マウスに対する207〜298mg/kg、CRJ/SD系ラットに対する119〜126mg/kgのデータが示されている。

以上のようにLASの急性毒性については内外で比較的多くの研究報告があり、やや厳しく見積もって経口毒性が1000mg/kg程度と判断できる。柳澤は1.6〜2.15g/kgの値を示して中等度の毒性とし、東京都『洗剤・洗浄剤の安全性等に関する調査報告書』[11]では軽度毒性（0.5〜5g）としている。いずれにしても動物実験で得られた急性毒性試験結果はオーダー的にも比較的近い値が得られており、信頼性にも問題はないものと考えられる。

2 AS

フレグランスジャーナル臨時増刊の『界面活性剤の科学』[1]では、ASの人に対する安全性はFDAによって認められているとしている。そこには、フロードカット$Na-C_{12}$サルフェートの食品への使用が、①卵白固形分中

1000ppm および冷凍または液状卵白中 125ppm を超えない量で使用される乳化剤として、②マシュマロ製造に使用されるゼラチンの 5000ppm（重量）を超えない量で、③果汁飲料中への制限的使用 25ppm まで認められているとの記述がある。

Gale & Scott[13] や Gloxhuber ら[14] はアルキル鎖長と LD_{50} の関係を求め、C_{10}〜C_{12} が最も毒性が強いことを認めた。Gale & Scott はラットに対する経口 LD_{50} に関して C_{10}-AS が最小値（毒性が最強）の 1950mg/kg、Gloxhuber はマウスに対する経口毒性に関して C_{10}-AS が最小値の 2200mg/kg、ラットに対する経口毒性も C_{10}-AS が最小値の 1950mg/kg になることを示した。

この AS の経口急性毒性について『界面活性剤の科学』[1] では 1000〜4000mg/kg、『洗剤の毒性とその評価』[2] では種々のデータから経口急性毒性は 900mg/kg 以上としている。この 900mg/kg の最大毒性はマウスに対しての $C_{12,13,14,15}$ の Oxocol$_{1215}$ 誘導体の LD_{50} を求めた原と平山[15] の示した値である。ただ、他にも Walker ら[16]、Arthur D. Little 社[17]、Tomiyama ら[18]、Brown and Muir[19]、Smyth ら[20,21] 等の多数のデータがあり、それらから総合的に判断すると AS の経口急性毒性は 1200〜2000mg/kg 程度であると考えられる。

腹腔内投与での急性毒性についてはラットを用いた Epstein ら[22]、マウスを用いた原と平山[15]、ラットを用いた Smyth ら[21] の研究があり、200mg/kg 程度の LD_{50} 値が得られている。経皮急性毒性については Carson and Oser[23] が C_{12}-AS を用いてウサギの LD_{50} が 580mg/kg、モルモットの LD_{50} が 1200〜2000mg/kg、ラットの LD_{100} が 200mg/kg であるとのデータを示している。ラットに対する経皮急性毒性がモルモットやウサギに対する毒性に比してかなり強いことがうかがえる。皮下投与では、マウスを用いた原と平山[15] が 820mg/kg、硫酸-2-エチルヘキシルナトリウム塩をラットに作用させた Smyth ら[21] が有効成分換算で 1892〜3296mg/kg の値を示している。

3 その他の界面活性剤

(1) AE

『界面活性剤の科学』ではAEの経口急性毒性は低く、EO鎖長の違いによるがLD_{50}値が1600〜25000mg/kgの範囲にあるとしている。また毒性はEO鎖長が増すと急速に増加するようであり、その毒性増加の変わる点は、活性剤1分子あたり10モルのEOがついたものであるとしている。『洗剤の毒性とその評価』ではさらに詳細な内容がレビューされている。Benkeら[24]、Treon, J.F.[25,26]、Shick, M.J.[27]、Soehring, K.ら[15]、原ら[28]をはじめとする多数の研究者により、Wisterラット、Oxラット、マウス、家兎、そしてビーグル犬や赤毛ザル等を用い、経口、腹腔、静注、経皮、皮下等の急性毒性が調べられている。なお、注目すべき点としては、Zipfら[29]がモルモットに対する経口急性毒性が384mg/kgという低値であることを報告していることが挙げられる。

(2) AES

『界面活性剤の科学』ではBrownら[30]、Tusingら[31]、Walkerら[32]、Continental Oil社等の文献[33]のレビューにより、AESのラットに対する経口急性毒性はLD_{50}値が1700〜5000mg/kg以上であるとしている。経皮毒性はウサギを用いたArthur D. Little社[34]の試験で4700〜12900mg/kgの値が示されている。その他AESアンモニウム塩のマウスに対する経口、皮下、腹腔急性毒性が原らによって示されている。

(3) APE

『界面活性剤の科学』p.129では、Finneganら[35]、Larsonら[36]、Monsanto社（未発表）、Olsonら[37]、Smythら[38]のデータをまとめ、エチレ

ンオキサイドの含量とラットの経口 LD_{50} との関係を示している。そして EO10 モル付加の時、毒性が最大になるとしている。また、その最大毒性のもので LD_{50} 値が 1000〜3000mg/kg の低度毒性になるとしている。また、経皮毒性では Monsanto 社の未発表データから EO5〜11.5 モル（平均）の C_9APE のウサギに対する急性最小致死量が 2000〜10000mg/kg の範囲であるとしている。

(4) AOS

『界面活性剤の科学』p.145 では、Oba ら[39]、大場ら[40]、Webb[41]、Ogura ら[42]、Tomiyama ら[18]、そして American Cyanamid Co.、Arco Chemical Co.、Colgate Palmolive Co.、Continental Oil Co.、Ethyl Corp.、Procter & Gamble Co.、Shell Chemical Co.、Stepan Chemical Co.、Witco Chemical Corp.各社の未発表データより AOS の LD_{50} 値はラットで 1300〜2400mg/kg、マウスで 2500〜4300mg/kg（共に有効成分換算）の範囲にあったとしている。

『洗剤の毒性とその評価』では北里大学薬害研究所[43]のデータにも触れ、マウスに対する経口急性毒性を 1110〜3000mg/kg としている。また、皮下投与では 209〜1660mg/kg、静注投与では 68〜90mg/kg、腹腔内投与では 200mg/kg であるとしている。

(5) 石けん

『洗剤の毒性とその評価』p.210 では石けんの毒性についての報告はごくわずかであるが、報告されたデータは石けんの毒性がきわめて低いことを示しているとしている。Gloxhuber[44]はラットに対する経口投与で 10g/kg 以上の LD_{50} 値が得られたとし、Epstein ら[22]はオリーブ油石けんをラットの腹腔内に注射して LAS の 4 倍の 980mg/kg の値を得たとしている。

4 急性毒性に関する情報の総括

以上、個々の界面活性剤についての急性毒性についてみてきたが、それらをまとめたものについてみてみることとする。

東京都の『洗剤・洗浄剤の安全性等に関する調査報告書』ではp.95に表3－1のデータが示されている。

表3－1 経口急性毒性一覧

LAS（マウス）	1575～3400mg／kg
AES（ラット）	1000～2138mg／kg
AOS（マウス）	1110～3000mg／kg
AS（ラット・マウス）	900mg／kg 以上
AE（ラット）	約1000～26000mg／kg
FAE［POE脂肪酸エステル］（ラット）	64ml／kg 以上
AO［ジメチルドデシルアミンオキシド］（ラット・マウス）	1148～2400mg／kg
AG［アルキルグルコシド］（ラット・マウス）	2000mg／kg 以上
DEA［アルカノールアミド］（ラット・モルモット）	2700mg／kg 以上
脂肪酸Na塩（ラット）	10000mg／kg 以上

また、日本生活協同組合連合会の『水環境と洗剤』[45]でも上記データの一部を引用し、"実験動物の種類や条件によって毒性値に幅がありますがLAS

や高級アルコール系のAS、AE等は軽度毒性、せっけんは実際無毒性に分類されており、いずれも急性毒性は問題ないといえます。"と表現している。

「洗剤・洗浄の事典」[46]には界面活性剤の経口急性毒性値として表3－2のデータが示されている。ライオン家庭科学研究所の冊子[47]には経口投与の急性毒性試験結果として表3－3のデータが示されている。

表3－2　経口急性毒性値一覧

(mg/kg)

	マウス	ラット	その他
ABS	1400～4600	520～3200	1730（ウサギ）
LAS	2800～4600	650～3200	
AOS	1110～3000	1540～4000	
AS	2200～8000以上	1000～4000	425～1520（モルモット）
AES		1820～2820	
石けん		3200以上	
APE	1000～7000	2000～25000以上	
FAE		53000～64000	
洗剤	5000以上		
台所用洗剤A	1566～1978		
台所用洗剤B	2022～2663		

注）台所用洗剤A：ABS系
　　台所用洗剤B：LAS系、長鎖アルコール系

『界面活性剤：物性・応用・化学生態学』[48]では界面活性剤のラットに対する経口急性毒性について表3－4のデータを示している。

一方、一般消費者対象書籍の中から『図説洗剤のすべて』[49]のp.154の「表1界面活性剤の急性毒性」をみてみると表3－5のデータが示されている。本文中には"この表は、これまで動物実験されたデータのうちからもっとも強い毒性が報告されたものを選んで表にしてあります。"（p.154）との説明がある。さらに続けて"この表の見方はLD_{50}の数値が小さい順に毒性の強さを

示します。つまり LAS の急性毒性、404 ミリグラムがもっとも毒性の強い数値で、これは、東京都衛生研究所の実験データです。"と説明している。

表3-3 経口急性毒性値一覧（3）
『安全性と環境：生活科学シリーズ5』より

(mg/kg)

	ラット	マウス	その他
LAS	640～4600	1575～2800	1000～1131（ハムスター） 1730（ウサギ）
AOS	1154	1110～3000	
AES	1000～4500	900～980	
AS	1000～4160	900～8000以上	425～1520（モルモット） 1432（ウサギ）
α-SF	1000～2000		
石けん	10000	3200以上	
AE	1000～25900	920～7616	

表3-4 経口急性毒性値一覧（4）
『界面活性剤：物性・応用・化学生態学』より

(g/kg)

LAS	1.3～2.5
硫酸ドデシル塩	1.3
ドデシルPOE(3)サルフェート	1.8
Aerosol OT	1.9
ステアリルPOE(8)	53.0
ドデシルPOE(7)	4.1
ステアリルPOE(2)	25.0
ステアリルPOE(20)	1.9
脂肪酸ソルビタンPOE(20)	20.0
セチルトリメチルアンモニウムブロミド	0.4
セチルピリジニウムクロライド	0.2

また同様の記述として次のものが挙げられる。"ABSの毒性の最も強く現れたデータは、私の知る限りでは東京都衛生研究所の報告です。それはラットが半分死ぬのに体重1キログラムに対し、約400ミリグラムという数字を報告しています。ネズミが400ミリグラムで死ぬと言っているのに、それよりたった100ミリグラム少ない300ミリグラムまで人間が摂ってもよろしいと言っているのです。なんだかおかしいとは思いませんか。"[50]

表3-5　経口急性毒性値一覧（5）
『図説洗剤のすべて』より

(mg／kg)

ABS	438
LAS	404
AOS	2000
SAS	2700
ASF	1900
AS(SDS)	1000
AES	1800
APE	1600
AE	2700
FAG	64000
TWEEN	20000以上
SE	6000以上
AZ	2700
石けん	16000以上

このようにLAS反対派の著者には400mg/kgを主張する場合がみられる。しかし、多くの実験結果が存在する中で非常に低いレベルの値のみを取り上げるというのは、消費者情報として適切ではない。安全性を重視するという立場から400mg/kgを主張することが消費者側の立場から適正であるとする考え方が生まれるのも理解できないわけではないが、1000mg/kg以上値を示すデータが大部分を占める現状では、当然その点についても触れるべきである。双方共に東京都衛生局の報告書のデータであるので、小林ら[6]のSLC Wistar系ラット（Specific pathogen free）による年齢・性差の影響をみるための実験データであり、Specific pathogen freeであることを考慮して他の界面活性剤との毒性比較に用いる場合には注意が必要ではないかと思われる。前述したように、実験動物やその特殊性等を無視するならば、最大の毒性値はASがSmythら[20]が示したモルモットの425mg/kg、AEがZipf[29]が示したモルモットの384mg/kgとなり、石けんを含めて他の界面活性剤についても『図説洗剤のすべて』に示された

値よりも低くなる。LASについてのみ毒性を最も高く評価したデータのみを示すという行為はLASに対するネガティブキャンペーンの一環としての趣意的な情報操作であると捉えられても仕方がない。界面活性剤以外の他の物質についてのLD$_{50}$値が種々のデータの平均的な値、または平均的な値の中の比較的毒性を大きく捉えた値が取り上げられている現状から、とにかく最大毒性値を基準とするという方法は無謀である。そのような方法によれば、界面活性剤の中でも特に種々の側面から多くの研究が行われてきたLAS、AS、AE等が著しく不利になることは統計学を持ち出すまでもなく自明のことである。

　一方、どちらかといえば合成洗剤擁護派とみられる著書では次のような記述がみられる。"合成洗剤の場合、主成分の界面活性剤は、食塩やふくらし粉とほぼ同じ程度のLD$_{50}$値であり、衣料用洗剤、台所用洗剤等の商品の場合は、さらに数倍の安全性のあることが確認されている。"[51]

　このように合成洗剤反対派ではないとみられる著者は、『洗剤の毒性とその評価』と同様の1575～3400mg/kgを採用している場合が多い。また、メーカーサイドからの情報では次のようなものがある。"動物実験の結果によると、市販洗剤のLD$_{50}$値は6～10g/kgです。つまり、体重1kg当り1度に6～10gの洗剤を食べると半分くらいの人が死んでしまうかもしれないということが予測されるのです。これは体重50kgの人に換算すると300～500gに相当します。"[52]

　この文章ではLASを含んだ商品としての評価を行っている。合成洗剤反対派の毒性主張に対しての反論情報であるという一面があるため仕方のないことではあるが、合成洗剤は多少食しても良いようにも受け取られる表現になっている。合成洗剤を飲んで死亡することはあり得ないことだとしても、乳幼児等の誤飲事故防止のために、基本的には取り扱い注意を促すための有害性を誇張した表現が望まれる。

　なお、一般消費者向け書籍の中でLAS以外の急性毒性に焦点を当てたも

のは少ない。ここで、ASの急性毒性について示したものについてみてみる。三上グループは消極的ながらAS使用を認める方針であり、生活協同組合でも商品としての販売を認めているのでASの急性毒性についてのネガティブな記述は比較的少ない。ただし、柳澤グループと同様のすべての合成洗剤を追放するという立場からは次のようにASの急性毒性を肯定した表現もみられる。"ASの急性毒性はABSやLASと同じです"[53]（注：庵島事件を取り上げてABSの急性毒性を強調した後）、"ラウリル硫酸塩（乳化剤、界面活性剤）：アルコール系（陰イオン）。代表的なAS系合成界面活性剤で、急性毒性、亜急性毒性のほか胎児毒性や肝臓・腎臓障害を起こす報告もある。"[54]

このように、種々の研究で得られた事実とはかけ離れたイメージを読者に与える表現になっており、消費者情報として相当に問題があると判断できる。界面活性剤の急性毒性に関する研究に費やされた膨大な時間、経費、マンパワーを考えれば悲しむべき状況である。

3 慢性毒性

1 慢性毒性と最大無作用量

慢性毒性試験（亜急性毒性試験を含む）についても急性毒性試験と同様に多くの研究結果が『界面活性剤の科学』[1]と『洗剤の毒性とその評価』[2]に示されており、東京都の『洗剤・洗浄剤の安全性等に関する調査報告書』[11]のpp. 96～98にも主な慢性毒性試験結果が示されている。ここでは、特に個々の研究データについて示すことはせず、これらの慢性毒性試験と最大無作用量との関係と、各種界面活性剤の最大無作用量についてみてみることと

する。

『洗剤・洗浄剤の安全性等に関する調査報告書』のp.99の最大無作用量として表3－6のデータが示されている。また、洗剤の1日の推定最大摂取量、安全率として表3－7の値を示している。なお、この計算方法はLASを例に取れば、1日の最大摂取量を14.546mg/日（体重50kgとして）、最大無作用量を300mg/kg/日とし、300×50÷14.5＝1034となる。

表3－6　最大無作用量
『洗剤・洗浄剤の安全性等に関する調査報告書』より

LAS	ラット	300mg／kg／日
AOS	ラット	195〜259mg／kg／日
AE		600mg／kg／日
POE-脂肪酸	ヒト推定	2500mg／kg／日
AO	ラット	50mg／kg／日
AG	ラット	400mg／kg／日
DEA	ビーグル犬	19.7mg／kg／日
石けん	ラット	2000mg／kg／日

注）原文ではAOSの259→25と記述

なおLASの最大無作用量としては一般に300mg/kg/日という値が用いられる場合が多いが、この300mg/kg/日という値が適切であるか、そして人体への実際の摂取量から考えて人間にとって真に安全性が確保されているのか否かが慢性毒性関連の論点となっている。そこで、この300mg/kg/日という値をめぐる状況をみてみることとする。横浜市の『合成洗剤の安全性および環境に及ぼす影響について』[55]にはLASの経口慢性毒性に関して次のような

記述がある。"LASの経口慢性毒性としては、体重抑制、肝の肥大、腎障害、血清のGOT活性、GPT活性あるいはコレステロールの低下、アルカリフォスターゼ活性の増加、肝GOT活性の増加及び腎の諸酵素活性の低下等が報告されている。

表3－7　推定最大摂取量と安全率
『洗剤・洗浄剤の安全性等に関する調査報告書』より

界面活性剤	推定最大摂取量	安全率
LAS（東京都）	14.546 mg／日	1034
（大阪府）	9.1 mg／日	
AE	0.476 mg／日	63030
POE-脂肪酸エーテル	14 mg／日	8929
石けん	15 mg／日	6667
AO	0.675 mg／日	3704

　これらの健康影響がどの程度以上の投与量で現れるか、どの程度までの投与量では現れないかについては、報告者によって著しい違いがあって、前者では82～935mg/kg/日（平均値は297.5mg/kg/日　SD242.4mg/kg/日、母平均の信頼区間（信頼度95％）の上限451.5mg/kg/日、下限143.5mg/kg/日）の範囲であり、後者では37.2～278mg/kg/日（平均値119.4mg/kg/日 SD82.8mg/kg/日、母平均の信頼区間（信頼度95％）の上限175.0mg/kg/日、下限63.8mg/kg/日）の範囲であった。"
　このように、最大無作用量や最小作用量には大きな幅があり、最低の水準を基準にするという方法では全く現実的な方法とはなり得ないことがわかる。300mg/kg/日は、統計的な平均値に近い値であり、特に安全側に偏った値ではないことは認識しておく必要がある。実際にはその安全側への基準シフトは安全率自体に求めることになる。なお、これらの元データは次の文献

によると記されている。

1) 林正人：四国医誌、36、37、1980
2) 伊藤隆太ら：東邦医誌、25、950、1978
3) 千葉昭二：食衛誌、13、509、1972
4) **Oser et al**：Toxicol. Appl. Pharm.、7、819、1965
5) 米山充子ら：東京都衛研年報、24、409、1972
6) 米山充子ら：東京都衛研年報、27、105、1976
7) 米山充子ら：東京都衛研年報、28、73、1977
8) 池田：総合臨床、14、621、1965
9) 東京都衛生局：中性洗剤に関する調査研究の結果について、昭48

2　LASの1日最大安全量に関する論議

さて、ここで合成洗剤、特にLASに対して否定的見解を示している一般書籍の中から、この慢性毒性・最大無作用量に関連する部分をみてみることとする。この論点で合成洗剤有害説を唱える中心人物は小林勇であり、『図説洗剤のすべて』[49] pp.158〜173にその考え方が説明されている。そこで導かれた有害説が『新書版洗剤の事典』[56]、『よくわかる洗剤の話』[57]等でも取り上げられており、『みんなでためす洗剤と水汚染』[58]では小林独自の計算による界面活性剤の吸収量が表紙の絵で説明され、合成洗剤の有害なイメージを強調する補助的手段として用いられている。また、『図説洗剤のすべて』のデータとは一部の数値等が異なっている部分があるが、『洗剤の毒性と環境影響』[59]に、より詳細な説明がある。まず、対象としたLASの最大安全量については、次のデータが示されている。

- Hopper（1949）：ABS［マウス］、経口（飲料水）、200mg/kg/日⇒30日で死亡率増大

- Tusing（1960）：ABS［ラット］、食餌に0.5％混合、300mg/kg/日⇒最大安全量
- Garshenin（1963）：LAS［ラット］、経口（飲料水）、230mg/kg/日⇒45日で成長悪し
- 科学技術庁（伊藤）（1963）：ABS［ラット］、静注、150mg/kg/回⇒4／10匹死亡
- 科学技術庁（池田）（1963）：ABS［ラット］、飼料0.5％混合、300mg/kg/日⇒最大安全量
- 科学技術庁（谷口）（1977）：LAS［ラット］、皮膚塗布、57mg/kg/日⇒最大安全量
- 大阪府報告（1977）：LAS［マウス］、経口投与、228mg/kg/日⇒胎仔化骨遅延
- 東京都報告（1977）：LAS［ラット］、経口投与、404mg/kg/回⇒半数致死量
- 東京都報告（1977）：LAS［ラット］、飼料0.6（0.5）％混合、300mg/kg/日⇒最大安全量

ただし、東京都報告（1977）の最後の実験に関しては『洗剤の毒性と環境影響』では0.5％、その他は0.6％との記述になっている。そして、次のような論を主張している。

- 300mg/kg/日のデータは飼料に界面活性剤を混合して得られたデータであり、動物の摂取した飼料重量から間接的に求めた推定値である。
- 300mg/kg/日のデータは飼料に界面活性剤を混合して得られたデータで、飲料水による経口投与と比較して低値になっている。界面活性剤が油脂、タンパク質等と結合して毒性が弱まっていると考えられる飼料配合型の経口毒性を基準にするのはおかしい。
- 経口投与でLD_{50}が404mg/kgと出ているのに最大安全量が300mg/kg/日とするのはどう考えても奇妙である。

●静脈注射や皮膚塗布の結果からも300mg/kg/日の値は大きすぎる。

　また、1日最大摂取推定量についても科学技術庁の0.14mg/kg、都立衛生研究所の0.29mg/kgに対して独自の1.77mg/kgを提唱している。そして、東京都の催奇形性実験で妊娠率低下や化骨遅延等の障害を起こした皮膚吸収量2.04〜2.4mg/kg/日以下を一日最大安全量として、1.77mg/kgから独自に算出した体内吸収量0.12mgを元データとして計算すると、安全倍率が17倍となり、食品添加物のADI（1日許容摂取量）の安全率100〜300倍を大きく下回ると主張している。また、東京都衛生研究所の0.29mg/kgから小林式の算出式で体内吸収量を求めると0.021mg/kgとなり、皮膚吸収量2.04mg/kg/日との比で安全率を出すと97.14倍となり、100倍を下回るとしている。このように、小林氏はLASまたは合成界面活性剤に関して、独自の計算式や、独自に推奨する実験値を採用することにより、その1日最大摂取推定値と最大無作用量との比が安全基準とされる100〜300倍を下回るという説明により、読者に合成洗剤の人体への危険性を訴えている。

　しかし、この論理展開にはかなり無理があり、一般消費者を対象とした書籍の内容としてかなりの問題点を含んでいる。以下、その問題点等について説明する。

　まず、ABS、LASの最大安全量を示すデータについてであるが、300mg/kg/日以外の値を示しているデータの選択について問題点が提起される。1つ重要なポイントは『図説洗剤のすべて』p.162の次の一文にある。"日本石鹸洗剤工業会では、「合成洗剤の安全性に関する学術文献要旨集」（昭和52年3月発行）という文献を出していますが、この66〜68ページにかけて、一日最大安全量と人体最大摂取量を比較して、安全性の議論をしています。"

　すなわち、この『合成洗剤の安全性に関する学術文献要旨集』[60]の存在を把握しており、しかも慢性毒性等の安全性に関連する部分に目を通していた

ということになる。すなわち、当該資料のpp. 18～20にある種々の慢性毒性試験についての情報をすでに得ていたということになる。その上で、選択したデータであるという点が非常に重要である。先述したように、東京都のラットのLD$_{50}$が404mg/kgであるとのデータを経口急性毒性の代表的な値とするのは不適当であり、低値が得られるのがごく当たり前の静注急性毒性のデータをここに並べるというのも、読者に対して300mg/kg/日の値に対する不要な懐疑心を抱かせる以外の目的は見当たらない。

　また亜急性・慢性毒性試験のデータに関しても、数点のデータのみを取り出して、300mg/kg/日の値を無効とするのも理解しがたい。少なくとも『合成洗剤の安全性に関する学術文献要旨集』には飼料配合、飲料水配合を含めて多数の慢性毒性試験がその出典と共に示されている。それを無視して300mg/kg/日の最大安全量を示す飼料配合型実験×3点と200mg/kg/日レベルで有害性が認められたとする飲料水配合実験×2点で独自の論を展開していくというのはあまりにも無謀である。飼料配合型が飲料水混合型に比して低い毒性が示されるという理論自体はさほど非難を受けるものでもないが、5点の論文データからそのような結論を導くことには明らかな間違いがある。

　横浜市の『合成洗剤の安全性および影響について』[55]に示されたデータからも、平均値としては300mg/kg/日を採用するのが適切で、安全側にシフトしたデータとしても『洗剤と洗浄の事典』[46]の150～300mg/kg/日ということになるであろう。ただし、300mg/kg/日を否定すること自体が大きな問題というわけではない。小林氏は300mg/kg/日を否定した後、安全率計算に間接的計算で300mg/kg/日の1／10以下の値となるデータ（もちろん最大無作用量の基準値として採用されることが一般に認められていない値）を提示し、その上で独自の危険説を繰り広げている。すなわち、一般に認められている値に対するネガティブな情報を与え、その信用性を失わせた後、一般に認められていない持論に有利なデータを示してそれを基準値にしてしまうという手法である。実はその持論に有利なデータを採用するにあたっての根拠は何

も示されない。一般消費者、特に消費者問題等に関心を有する読者を対象とした書籍における記述であるという点から、問題ある展開であると判断できる。まさに悪質商法に利用されている方法論そのものに類似点を有する論法である。なお、小林が独自に主張する1日最大安全量については後に詳細に検討することとする。

3 LASの1日最大摂取量に関する論議

まず、小林独自の1日最大摂取推定値の算定方法についてここで検討することにする。東京都衛生局の推定値および小林氏の主張する推定値の根拠は表3−8のようになっている。

表3−8 LAS 1日最大摂取推定量の比較

	東京都	小林(1)	小林(2)
野 菜	10.8 mg	16.2 mg	16.2 mg
果 物	3.0 mg	3.0 mg	3.0 mg
食 器	0.3 mg	4.87 mg	4.87 mg
飲料水	0.4 mg	1.0 mg	0.4 mg
皮 膚	0.046 mg	3.07 mg	3.5 mg
肌 着		0.4 mg	
歯磨き		60 mg	
合 計	14.546 mg	88.54 mg	27.75 mg

東京都:東京都報告(1977)
小林(1):『図説洗剤のすべて』(1983)
小林(2):『洗剤の毒性と環境影響』(1986)

(1) 野菜による摂取量に関して

まずは野菜に関してであるが、東京都のデータでは1日の摂取量270gに対してLAS摂取量10.8mgとしている。それに対し、小林氏は『図説洗剤のすべて』p.171と『洗剤の毒性と環境影響』p.212において、それぞれ次のように記している。"栄養審議会算出の「一人一日野菜220グラム」とすれば、東京都算出のものを、そのままつかって、野菜から16.2ミリグラム、果物から3.0ミリグラムが毎日口に入ります。"、"「野菜」は1日270g摂取するものとして、ここに残留するLASを科学技術庁報告では野菜残留量を表⑧で30ppmとしているのに40ppmとして、昭和48年度科学技術庁報告では「きざみキャベツでは流水ですすいだ時59.4ppm（LAS）、ため水のとき69.5ppmを示し」としていることからすれば、「最大摂取推定値」とするならば69.5×270×1／1000＝18.8（mg）、または59.4×270÷1000＝16.2（mg）とすべきだろう。"

まず細かいことではあるが、59.4×270÷1000＝16.0（mg）であって、16.2mgではない。また、同じ16.2mgの根拠として『図説洗剤のすべて』では220g、『洗剤の毒性と環境影響』では270gの重量の野菜を前提としていると説明されている。『図説洗剤のすべて』では東京都算出のものをそのまま使っているとしていることから、東京都算出のデータの10.8mgを何らかの勘違いで16.2mgと発表してしまい、16mg前後を導き出せるこじつけのデータと計算方法を後で付け加えただけであるといった裏事情があるのではないかと勘繰られても仕方のない状況になっている。なお、『洗剤の毒性と環境影響』で示されたきざみキャベツのデータは科学技術庁研究調整局の昭和48年度報告書[61]のp.297に記述されていたデータである。同資料のpp. 296〜297にはキャベツ、白菜、ほうれん草、レタス、大根、キュウリ、リンゴのそれぞれのLAS残留量が示されている。それぞれ0.2％のLAS濃度条件での流水すすぎでの残留量が10.8、5.1、16.9、14.4、1.4、2.7、1.3ppm、ため水による残留量が、21.6、8.3、29.0、22.4、2.1、3.0、2.8ppmとなっている。その

上で、測定された最大値の29ppmに近い30ppmではなく、それよりもさらに大きな値をとった40ppmを基準として算出したのが東京都のデータである。確かにきざみキャベツのデータが付け加えられており、本文中にも次の記述がある。"従来から損傷した野菜は残留量が多いという文献と一致するが、このような「すすぎ」方法は避けるべきであろう。"(p.297)

このように、このデータはあくまで特別な場合のものであり、基準値とすべきものではない。当然、みじん切りにした野菜の方が残留量は多くなるであろうし、浸せき時間を長くすればさらに多量の残留値が得られるであろう。また細かく切り刻んだ野菜類を洗剤水溶液中で、よくもみ洗いをすればさらに高い残留量が得られるであろう。このように考えると、安全のためといいながら、一体どの程度にまで過酷な条件設定が適当であるのかといった点が問題となる。そのような観点から、きざみキャベツのデータが基準として用いられる正当性はどこにあるか考える必要がある。きざみキャベツのデータを基準とすることが許されるならば、みじん切りを洗剤液中でもみ込む方法も許されるであろう。そう考えると、もはや基準の意味は消失することになる。すなわち、きざみキャベツを浸せきした状態での界面活性剤残留量が、通常の使用条件下での安全性を求めるための基準にはなり得ないことは明らかである。

(2) 食器経由の摂取に関して

続いて食器に関してであるが、東京都が0.3mgとしているのに対して小林は4.87mgを主張している。これは、小林の行った飲食店での食器LAS残留調査で食器1個あたりに平均0.31mgが残留していたとの結果に基づくと『図説洗剤のすべて』で説明されている。一方、『洗剤の毒性と環境影響』では次のように説明している。

　　コップ平均残留量　　　　：$0.043\text{mg} \times 5 = 0.22\text{mg}$
　　その他の食器平均残留量　：$0.31\text{mg} \times 15 = 4.65\text{mg}$

　　　　合　計　　　　　：　　　　　　4.87mg

　当時の一般的な LAS 系の台所用洗剤の標準使用濃度（LAS 成分換算）は約 0.04％＝0.4mg/ml である。さて、ここに洗剤水溶液の中に硬質表面を有する物体（つまり一般的な食器等）を浸せきし、そのまま引き上げて軽く水を切り、その物質に付着した洗剤液量を測定するとする。約 1ml 未満程度であろうということが想像できる。すなわち残留量はせいぜい、0.4mg/ml × 1ml ＝ 0.4mg となり、小林の提起した 0.31mg という値が、すすぎなしのデータと同レベルであることがわかる。

　界面活性剤の吸着性を考慮すると残存する洗剤液量のみを問題とすることに疑問をもたれる方もおられるかもしれないが、多孔体ではない硬質表面への界面活性剤吸着量というのは実は非常に少ない。臨界ミセル濃度を超える高濃度では液中に存在する界面活性剤量はその水溶液中に入った皿等の硬質表面に吸着する界面活性剤量に比較して無限に近い程度に多量であると考えて良い。つまり 0.3～0.4mg といった多量の界面活性剤は吸着量レベルではなく溶液中の溶質レベルの数値である。よって、東京都の示したデータは通常より軽くすすぎをしたというレベル、小林氏の示したデータはすすぎなしのレベルということになる。

　ただし、西欧の国々では洗剤液で食器を洗った後、それを水ですすがないで水切りして乾燥し、また使用するという習慣も残っているようである。そのような状況をイメージしての理論展開ならば理解できるが、このレベルの値を日本における洗剤論争の中で標準値とすることは問題があると考えられる。

　何より、きざみキャベツ 270g を洗剤で洗った後の残留量として計算した 16.2mg の 1／3～1／4 量が食器に残留して口に入るとするのは数量的感覚から疑問に思われるのはきわめて当然のことではないだろうか。

(3) 飲料水からの摂取

飲料水に関しては、1日に2lの水道水を体内に取り入れるとして計算しているが、東京都は水道水中のLAS濃度を0.2ppmとして、小林は『図説洗剤のすべて』で0.5ppmとして計算している。東京都は高い濃度のところでも0.2ppm程度であるという実状から、小林は法的に許容されている濃度として0.5ppmを採用している。注目すべき点は東京都の実情からの計算値が先に提示された後に、法律上の許容値を出している点にある。ここには、とにかく値を大きくしたいという以外の理由は考えられない。ただし、『洗剤の毒性と環境影響』では0.2ppmとして計算している。

(4) 皮膚からの吸収量に関して

　東京都が採用した皮膚からの吸収量の0.046mgは0.3％ABS溶液に両手を48時間接触しておいた時の相当量として科学技術庁の報告したデータが用いられている。一方、小林は昭和37年度の科学技術庁の血中移行率（7.67×10^{-3}％）で計算して3.07mgになるとしている。これは、次の部分より引用したデータであると考えられる。"従って、この人体皮膚48時間塗布時の面積濃度尿排泄率3.45×10^3％・$(ml \cdot cm^2)^{-1}$をもとに、ウサギの場合の血中濃度に対する尿排泄率45％を転用して算出すると、貼布による血中移行率は、7.67×10^{-3}％・$(ml \cdot cm^2)^{-1}$である。いま、仮に人体の両手指の表面積を大きめに200cm²とし、使用DBS濃度を0.3％（3mg/ml）とすれば血中移行量は$3mg \times 7.67 \times 10^5 \times 200 = 0.046mg$となる。従って、上記条件での経皮吸収血中量は46mgを超えないという推論が成立する。"[62]

　このデータをもとに、小林は『洗剤の毒性と環境影響』p.212で以下のように3.07mgを算出したとしている。"皮膚からの吸収は、昭和37年度科学技術庁報告「0.3％ABS溶液に48時間手を浸した両手指面積200cm²から血液に移行するABS量が0.046mg」からとっているが、昭和48年度科学技術庁報告は「スポンジ等に洗剤（原液）を直接つけて使用する」人が49.2％であったと報告している。20％LAS（原液）が直接皮膚に接触した場合の皮膚吸収

量として換算した方が実際的である。3.07mgとなる。"

　さて、LAS濃度20％の原液濃度の適用についてであるが、これには明らかな間違いが含まれる。確かにスポンジに直接洗剤液をつけて使用する者は多いが、乾燥したスポンジに水を使わず洗剤のみをつけて使用する者はいない。濃度の高すぎる洗剤原液は粘度も高すぎ、水分が少ないために起泡性も劣る。通常は水を含ませて薄めて用いるもので、最低でも5～10倍以上には原液より薄まっている。よって、小林の論に従っても3.07mgという値の1／5の0.6mgあたりの値が上限値であろう。また、長時間にわたって洗剤に触れる者にはスポンジに直接洗剤をつけて用いる者はまずいない。高濃度の洗剤液をスポンジに含ませて洗うパターンは洗い物が少量である場合に限られる。なぜなら、少量洗えば泡が垂れ出てしまい、スポンジに含まれる水分が不足してしまうため洗剤と水を何度もスポンジに補給せねばならず、長時間の洗浄操作ではあまりにも手間がかかり浪費的でもある。つまり、憂慮すべき高濃度の洗剤液に接触する者の洗剤接触時間は短いと言ってよい。よって、科学技術庁の実験である洗剤への48時間接触の条件を当てはめることはできない。

　後述する小林の時間的因子の計算法に従えば1時間／日洗い物をするなら48で除し、30分／日ならば96で除さねばならない。それを、科学技術庁では安全のために48時間接触時のデータをそのまま適用したのである。当時の正確なデータは所有していないが、標準使用濃度はLAS濃度換算で高くとも0.05％程度であったと考えられる。それよりもかなり高めの0.3％濃度を基準値とし、48時間接触した場合に得られるデータの0.046mgで十分に高い設定値であると判断できる。なお、LAS換算0.3％濃度とは、ほぼ洗剤液1％程度の濃度となる。これは一般の洗い桶に半分ほど洗剤水溶液を準備するとすれば約5l×1％＝50mlの洗剤原液を用いることとなる。台所用洗剤の容器（やや大型タイプ）の容量が600mlなので12回洗い物をすれば洗剤がなくなってしまうという量である。1日に3回洗い物をするならば4日で洗剤一瓶

を使いきってしまうという、通常ではあり得ない高濃度条件であるということも特筆すべき事項であろう。科学技術庁の数値はそのような安全性を重視した条件設定で得られた値なのである。

(5) 肌着等の衣服経由の皮膚吸収に関して

これは、東京都の計算式では取り入れられていないが、小林は、独自の調査で得た肌着への残存LAS量、$12.5 mg/m^2$から3.07mgを算出している。計算式は $12.5 \ (mg/m^2) \times 7.67 \times 10^{-3} \times 10^{-2} \times 1.9 \ (m^2) \times 0.9 \times 24$ (時間)としており、基本的には科学技術庁の計算方法に従っているようである。

しかし、まず計算式の中に×24（時間）とあるが、これは間違いであると指摘できる。通常は皮膚と界面活性剤との接触時間と人体への吸収量との関係は複雑で、決して比例関係で表すことなどない。つまり、×24（時間）といった計算式は適切ではない。よって、最悪の接触時間条件（＝24時間）よりも厳しい条件の48時間接触させた場合の吸収量を基準とすることによって科学技術庁の計算方法が成立している。小林の主張するように吸収量が接触時間に比例すると仮定して時間的因子を考慮するなら、科学技術庁の示したデータではすでに×48（時間）の要素が含まれていることになる。ここに、時間的因子の（×24）を入れるというのは、小林式算出法を基として考えると48日分の吸収量を計算したことになる。

次に、肌着等の衣類に残留する界面活性剤量を、皮膚に当該濃度の界面活性剤水溶液を接触させた場合と同一に扱うことの是非が論点となる。繊維が多孔体であるということ、そして、肌着がいったん乾燥状態にあり、その後皮膚に接触するという点が重要なポイントとなる。つまり、小林の主張が認められるためには、界面活性剤が肌に接触する表面部分に集中的に凝集していない限り、①常に汗をかいているといった湿潤状態にあらねばならない、②吸着していた界面活性剤の大部分がその汗に溶解するとともに繊維基質から離脱し、汗水分のバルク層中に移動しなければならない、という条件を満

たさねばならない。①の条件もあり得ないことならば、②の条件も界面活性剤の物理化学的性質をわずかでも理解していれば①以上にあり得ないことがわかる。

よって、小林の主張する計算法を認めても $3.07／48 = 0.064\mathrm{mg}$、そして界面活性剤の物理化学的性質を考慮すれば最大でもその１／100程度も作用しないと見積もることができる。よってほとんどの研究者が衣類から皮膚への界面活性剤の吸収量は無視できるとしているのである。

(6) 歯磨き

歯磨き粉からの摂取量は『図説洗剤のすべて』では計算に入れられているが、『洗剤の毒性と環境影響』では省かれている。前者ではLASに関する論議か合成界面活性剤一般に関する論議かが不明瞭であるが、後者ではLASについての論議であるという違いがある。そして歯磨き粉にはLASがほとんど用いられることがないという理由で両者での扱いが異なっていると考えられる。この慢性毒性に関する小林の記述は、その一日最大安全量、一日最大摂取量ともに、この歯磨き以外のすべてがLASに関するもので、LASの安全性について論じていると考えられる。界面活性剤一般について論じるならばまた話の流れは大きく変わることであろう。『図説洗剤のすべて』での歯磨きからの摂取については、専門的な摂取量に関する論議にはほとんど意味を持たないが、結果的には一般消費者にLASについてのより大きな有害性イメージを抱かせるための要素になっていると考えられる。実際、『図説洗剤のすべて』は『洗剤の毒性と環境影響』の約3倍の摂取量を示すことになっており、その数値をLASの安全性評価方法に当てはめてLASを代表とする合成洗剤の有害性を判断しているのである。

(7) 全体的評価

以上のように、LASの１日最大摂取量に関する小林の主張を見てきたが、

東京都の主張する 14.546mg／日でも十二分に通常時よりも多い摂取量となっており、小林の主張する値を採用すべき根拠は見当たらない。むしろ、東京都の主張する最大安全量よりもなんとか大きい値を得るために行った種々の苦渋が際立つ。LAS に対するネガティブな情報を提供するために、実際にはあり得ない条件設定・誤った計算式のもとで算出したとしても東京都の示した 14.546mg の 2 倍にも満たないことが、逆に東京都の示したデータが安全性重視側に偏ったデータであることを物語っている。

4　小林の主張する LAS の 1 日最大安全量について

　先述したように、一般に 300mg/day が用いられる LAS の 1 日最大無作用量について小林は独自の計算法と数値を示し、LAS の危険性を主張している。実は、LAS の危険説の根拠となっているのは一般に認められているより小林が過大に見積もっている 1 日最大摂取量ではなく、過小に評価している 1 日最大安全量による影響が大部分を占める。専門家の間ではこの小林式の 1 日最大安全量の計算方法等は全くといってよいほど知られていない反面、合成洗剤に反対する消費者グループにはこの小林式の考え方を基として、その危険性を訴える場合が多い。よって、合成洗剤の慢性毒性についての過去の論議の中で、最も重要なポイントが小林の主張する 1 日最大安全量に関する算出法であると言ってよい。以下その点について見ていくこととする。
　まずは小林の説明文の中から『図説洗剤のすべて』p.172 と『洗剤の毒性と環境影響』p.215 を見てみることとする。"ここで安全率を出してみましょう。最大安全量を国や洗剤メーカーのいう 300mg/kg/日、その体内吸収量 21.42mg/kg/日とせず、東京都の催奇性実験で「妊娠率低下」「化骨遅延」等の障害を起こした皮膚吸収量 2.04 〜 2.4mg/kg/日以下を 1 日最大安全量とします。"、"1 日最大無作用量（NOEL）を都の研究報告に即して、催奇性実験で「妊娠率低下」「化骨遅延」「胎仔体重低下」の毒性発現量は 340 〜

400mg/kg以上皮膚塗布からである。この体内吸収量は0.6％で2.04〜2.4mg/kgである。"

『図説洗剤のすべて』では特に説明なく、1日最大安全量として催奇性実験で「妊娠率低下」「化骨遅延」「胎仔体重低下」の毒性発現量を示した値であるとして2.04〜2.4mg/kg/日が用いられている。一方、『洗剤の毒性と環境影響』では340〜400mg/kgの皮膚塗布量から算出した体内吸収量を基準とすべきであると主張している。そして、1日最大摂取推定値も体内吸収量で算出すると、合計1.076mg〜5.25mg/50kg、つまり0.022〜0.11mg/kgとなるので安全率は2.04／0.022〜2.04／0.11、つまり92.7〜18.6にしかならず、100に満たないので安全ではないとしている。

さて、まず小林の主張する論法に従って飼料配合時の1日最大安全量を算出してみよう。体内（血液）吸収量2.04〜2.4mg/kgが1日最大安全量であるとすると、小林の計算式では野菜等からは摂取量の7.14％が吸収されるとしているので、28.6〜33.6mgとなる。つまり、小林の主張は実は経口摂取量ではなく体内吸収量で比較すべきであるといった方法論に関する主張ではなく、一般に利用されている1日最大安全量の300mg/kgを1桁小さくするという点でのみ意味があることがわかる。野菜に付着したLASの一日最大安全量も30mg程度とすべきであるというのと同義なのである。

そこで、より詳細に検討すると、その計算法の基となる実験が注目される。小林によると、東京都の催奇形性実験のデータを引用したようである。東京都の催奇形性実験としては、高橋ら[63]、東京都衛生局[64]の実験が挙げられる。『洗剤の毒性とその評価』のp.47にもあるように、17.0〜20％の洗剤を0.5ml、マウス一匹あたり4cm^{2}に塗布すると、妊娠率の低下等が認められている。原著ではマウスの体重が27.0〜35.0gと示されているので平均値の31g/匹とすると、340〜400mg/kgというのは10.54〜12.4mg/匹となる。高橋らの皮膚塗布実験ではマウス1匹当たり0.5ml/日で投与していたので、小林の主張に従うと0.5mlに10.54〜12.4mgのLASが含まれている状態、つ

まり 21.08 〜 24.8mg/ml すなわち 2.1 〜 2.5 ％の LAS 水溶液塗布で障害が現れたことになる。

　しかし高橋らの実験では異なる結果が示されている。高橋は 17.0 〜 20 ％の洗剤液を用いたとしているが、これは LAS 濃度換算で 5 〜 6 ％程度になると考えられる。実際に高橋の実験では市販洗剤だけではなく LAS 水溶液でも同様の実験を行っており、LAS の 5.72 ％水溶液では妊娠率の低下が認められたが、LAS の 2.86 ％水溶液では妊娠率の低下は認められなかったとしている。よって、5 ％ LAS 水溶液 0.5ml を 31g のマウスに塗布したとして、25mg/31g ＝ 806.5mg/kg の塗布量であったと考えられ、吸収率を 0.6 ％とすれば 4.8mg/kg の吸収量で障害が現れたということになる。これに対して小林は 2.04 〜 2.4mg/kg の値を得たとしている。よって、塗布量の 0.6 ％が体内に吸収され、その吸収量から安全性を検討するという小林の方法論に従うとしても、高橋らおよび東京都衛生局の実験結果から得られる値よりも 2 倍以上の高い毒性値を小林は示しているということになる。

　しかし、その点も実はさほど大きな問題ではない。一般消費者にとっては見逃しやすい、さらに重大な"トリック"が隠されている。なぜ当該の塗布実験の数値を用いなければならないのかという点にヒントがある。『洗剤の毒性とその評価』の p.45 では次のような記述がある。"高橋ら（1975）は、マウスを用い、LAS ベースの市販洗剤 2 種（M、R）を 26 ％の高濃度まで塗布する試験を行っているが、催奇形性を認めていない。しかし、塗布部の局所刺激の激しい動物では妊娠率の明らかな低下を認めている。この妊娠率の低下については、種々の洗剤について試験した研究者の多くがマウスの高投与群に認めている共通の知見である［LAS 系洗剤、佐藤ら、1972；ママレモン（LAS17 ％、AES7 ％）、飯盛ら、1973；市販洗剤 A（LAS17 ％）、市販洗剤 B（AES7 ％、ポリオキシエチレンアルキルエーテル 8 ％）、井上ら、1976；チェリーナ（LAS）、中原ら、1976］。

　その他、高投与群に見られる影響としては胎仔体重の減少と化骨遅延（高

橋、1975；佐藤、1972）があり、これはLAS単独塗布群にも認められている傾向である。"

　このように、局所刺激による影響が問題視されている条件での実験データであるという点が重大なポイントとなる。例えば唐辛子のペーストを皮膚に塗りつけ、局所的な皮膚障害が現れて体調を崩したとしよう。その場合に、その唐辛子の体内吸収率を計算して、唐辛子の体内への摂取許容量を決めるというような方法論を採用することに正当性はあるだろうか。しかも、実際の経口摂取試験や経皮吸収を前提とした試験が数多く行われているという前提があってのことである。これはもはや、とにかく有害性を強調するための、形振り構わぬこじつけの論法であるとしか判断しようがない。

　以上のように、小林の主張するLASの慢性毒性に関連する危険説は、国や東京都、その他企業等が示しているものに比して、データの正確さ、根拠、論理性のいずれの面でも大きく劣り、従来の安全説を覆すような説得力は全くない。

5　真に安全性を高めるために

　まず、LASの摂取について、現時点では非常にわずかであると考えられる。しかし、種々の界面活性剤の混合物がどのように影響するのかも明らかになっていないので、摂取量はできる限り少なくするのが得策であろう。そこで、摂取経路を見ていくと野菜・果物に残留するものが摂取量の大部分を占めることがわかる。洗剤メーカーの消費者教育用ビデオ等では野菜・果物を洗剤液で洗うことを推奨している。しかし、個人的経験であるが、過去に千人を超える学生に対して聞いてみたところ、育った家庭で野菜・果物を洗うのに台所用洗剤を用いていたという者は1％もいなかった。実際には消費者の大部分が野菜・果物を洗うのに洗剤を用いるということはないと考えて良いであろう。確かに台所用合成洗剤で食品を洗浄することは洗剤メーカーが主張

するように、細菌類、蟯虫卵、農薬等を除去するのにプラスにはなるであろう。しかし、その主張は一般消費者にはほとんど受け入れられていない。そして、現に食材の洗浄の不備による大きな問題は生じていないように考えれる。

　特定の病原菌問題がマスコミを賑わせ、その病原菌に対して台所用洗剤が多少なりとも除菌効果があるとするならば、消費者の不安感を和らげるという意味からも台所用洗剤で野菜や果物を洗うことにも意義があると考えてもよいだろう。とにかくその食品を媒体として侵入してくる界面活性剤が通常の安全性判定のレベルをクリアしているのであるから。しかし、常時、野菜・果物は台所用洗剤で洗うべきとする主張は疑問に思われる。東京都算出のデータをもとに見ると、1日最大摂取量である14.546mgの中の野菜・果物からの摂取量が13.8mgの約95％を占めている。つまり、食材洗浄に洗剤を用いていないならば、安全率を算出すると20倍の2万という高レベルになる。

　合成洗剤メーカーも次のように主張する程度の柔軟性を備えてもよいのではなかろうか。「通常の使用法では台所用合成洗剤摂取による慢性毒性は認められない。よって、台所用合成洗剤を用いることにさほどの危険性を感じる必要はない。もしも、それでも合成洗剤の体内摂取に不安を感じるならば、野菜や果物等の食材を洗浄するのに台所用合成洗剤を用いなければ、摂取量の95％が除かれると予想されるので、そのようにすればよい。安全率は2万倍という高レベルになる。ただし、食材を洗浄しても安全基準は満たしているので、食衛生面等での問題解決に役立つと判断されるならば、食材を台所用洗剤で洗浄することは決して否定されるものではない。」

4　発ガン性・発ガン補助性

1　発ガン性と発ガン補助性

　化学物質とガンの発生との関係については、「発ガン性」と「発ガン補助性」に分けて整理する必要がある。ガンに関連するのは「発ガン物質」(Initiator) と「発ガン補助物質」(Promotor) とに分けられる。そして、それぞれの作用を「発ガン性」、「発ガン補助性」と呼ぶ。

2　発ガン性について

　一般の界面活性剤については数多くの発ガン試験が行われているが、いずれも発ガン性は確認されていない。一般には次のような記述が各所に見られる。"発癌性は表V－13にみられるように、洗剤に使用される界面活性剤について、摂取の可能性より大量に投与しても陰性である。"
　詳細なデータは、『洗剤・洗浄剤の安全性に関する調査報告書』[11] のpp.104～105や、『洗剤の毒性とその評価』[2] と『界面活性剤の科学』[1] に各種界面活性剤ごとのデータの出典が紹介されている。
　ただし、一般消費者向けの書籍の中には次のような記述も見られる。"無リン洗剤の主原料は発ガン性と発ガン補助作用等数えきれない弊害がある。"[65]、"発ガン性の疑いがあるLASや蛍光増白剤が使われている合成洗剤は、1990年には99万トンも生産されています。"[66]
　双方共に、洗剤と発ガン性を結びつける内容となっている。前者の無リン洗剤の主原料が何を意味するのかは不明であるが、通常は合成界面活性剤が

連想されると考えられる。後者は発ガン性と発ガン補助性の区別を意識しているのか否かが不明であるが、明確にLASに発ガン性の疑いがあると表現されている。双方共に、確認されていない誤った情報を提供しており、消費者情報として問題があると判断できる。

3 発ガン補助性について

高橋ら[67]はラットを用いて8％LAS＋1mg 4-NQO＋40％EtOH、1ml／匹、2回／週で18週間経口発ガン補助試験をし、発ガン補助性を認めた。しかし、同じく高橋ら[68]は0.05％ABS、LASを用いて試験し、発ガン補助性を認めなかったとしている。山本[69]はラットを用いて10％AS+0.3％BP（2回／週）に対する1年間の経皮塗布試験を行い発ガン補助作用を認めた。Fukushimaら[70]はラットを用いて30週の0.25％AS+MNNG 50mg/lの経口（飲料水）試験を行い、発ガン補助性を認めた。山本[69]は、ラットを用いて50％AE+0.3％BP（2回／週）の経皮試験を1年間行い、発ガン補助作用を認めなかった。また、伊藤[71]はラットを用い、26週の2％石けん+MNNG 50mg/lの経口（飲料水）試験を行い、発ガン補助作用を認めなかった。なお、4-NQOは4-ニトロキノリン-1-オキサイド、BPは3,4-ベンズピレン、MNNGはN-メチル-N'-ニトロ-N-ニトロソグアニジンの略号を示す。

以上のように、発ガン補助性についてはcmc（臨界ミセル濃度）以上の高濃度では、LAS、ASを主体に発ガン補助性を確認したデータが発表されている。ただし、通常の物質とは異なって界面活性剤の場合には濃度特異性がきわめて大きい点に注意する必要がある。すなわち、cmc以上とそれ未満とでは浸透湿潤作用、乳化作用、可溶化作用、起泡作用等が大きく異なってくる影響があることが高橋の結果からもうかがえる。そして、『洗剤の毒性とその評価』では次のように述べている。"自然界に存在しうる発癌物質の可溶化、もしくは高橋らの一連の研究にみられる発癌補助作用の問題について

は、実際の生活環境に存在する界面活性剤の量がごく微量であるので、その懸念はないといえよう。"[72)]

　さて、一般消費者対象の情報に目を向けると、次のようなものがみられる。

　【合成洗剤擁護派情報】
"経口投与や皮膚塗布等による試験で合成洗剤に発癌性なし。（衣料用粉末洗剤に用いられている蛍光剤にも発癌性はない。)"[73)]、"洗剤による発ガン性の問題ですが洗剤の主成分LASを0.01％混入した飲料水をラットに100週間投与したが異常は認められなかった。また、LASを0.01、0.05、0.1％混入した食餌をラットに2年間食べさせたが異常がなかったと言っています。"[74)]、"名古屋市立大学高橋道人教授の研究報告によれば、500ppm（水道水規準の1000倍）のABSでは発ガン補助性はないといっています。そして、ABSが難溶解性物質を溶かす濃度は300～500ppmで、これは洗剤の使用濃度にあたります。だから実際上では問題はないのです。"[75)]、"界面活性剤LASの発ガン性は、マウスの終生飼育試験において認められなかった。"[76)]、

　【合成洗剤反対派情報】
"一般に、界面活性剤は発ガン性を促進する作用を持っています。"[77)]、"界面活性剤や洗剤そのものに発ガン性があるという報告はなく、確かなのは、発ガン物質に界面活性剤や洗剤を混入すると発ガン促進作用があるということが現在判明しているといっていいと思います。"[77)]、"界面活性剤自体が発ガン性を持つという報告はありませんが、界面活性剤には発ガンを促進作用（プロモーター）があるという報告があります。界面活性剤の吸収性、溶解性、滲透性等が発ガン物質の組織や細胞への吸収を促進すると考えられています。ただしPOE系の界面活性剤では発ガン物質であるジオキサンが副生して混入していることがあり注意が必要です。"[78)]、"合成界面活性剤がラットの内臓細胞を破壊するというデータ結果を人間に置きかえて考えれば、合

成洗剤はガンを誘発するのに十分な補助作用をするともいえるのです。"[79]、"発ガン物質で人工的に胃ガンを生成させる実験で、LAS がいっしょだと、ガンが早く悪性発生することがみとめられています。"[80]、"高級アルコール系より界面活性力が弱い界面活性剤でも、発ガン補助物質になるのですから、高アル系でも発ガン補助作用があると考えるべきです。"[80]

　このように、合成洗剤擁護派情報では、発ガン補助性に触れるものが少なく、発ガン性の否定をしているものが目に付く。そして、発ガン補助性に触れたものは、実際の濃度レベルでは問題ないとしている。一方、合成洗剤反対派情報では量的な問題には触れずに、発ガン補助性を示す研究結果が得られた事実のみを強調している。ここでも、LAS の生分解性に関する論議と同様に、「実生活レベルで問題になるというデータはない」、「実生活レベルは別として、危険性を連想させるデータがある」という、互いに全くかみ合わない論戦になっている。

　ただ、注意すべき点は、合成洗剤の発ガン補助性に関連するといわれている実験データの示すところは、「十分な洗浄作用を有するような高い濃度の合成洗剤水溶液を飲料として発ガン物質と共に体内に摂取してはならない」という警告につながるレベルの内容なのだということだ。万一、合成洗剤の水溶液を日常的に飲用する者がいたとすれば、それは発ガンに関連して無視できない危険性が伴う。洗剤メーカーは、やはり合成洗剤が決して安全な物質ではないということを消費者に周知する必要があるであろう。

　一方、これらのデータをもとに合成洗剤追放を主張するならば、結果的に安全教育に対してマイナスの影響のみを与えることになる。合成洗剤は日常的に飲んではいけないということや、台所用洗剤やシャンプーの使用後は皮膚をよくすすぐ必要があるといったことを伝えるだけでよいものを、合成洗剤の追放にまで拡張することによって、結果的に学校教育等では扱い難い題材にしてしまっているという事実を認識すべきだ。

合成洗剤は飲料として用いない、また皮膚に付着した場合よくすすぐといった注意点を守った上での発ガン補助性の実質的な危険性は考えられないというのが、現在までの関連研究の成果から導かれる結論である。

5 催奇形性

催奇形性に関しては、一応種々の界面活性剤に関する研究がみられるが、その催奇形性を肯定するデータの出所に偏りがあり、科学的な問題というよりはその背景にある別次元の問題として考えられる。ここでは、最も論議が集中したLASの催奇形性についてみることとする。

LASの催奇形性については、他の毒性に比較してきわめて多くの実験が行われている。それは、三上らを中心とした催奇形性の肯定結果と、他の研究者による催奇形性否定結果が世間の注目を集めて繰り返し行われたことによる。以下に『洗剤の毒性とその評価』に取り上げられた研究を示す。

LASの催奇形性肯定データは、まず1969年の三上ら[81]の発表にはじまり、永井[82]、石森・三上[83]、井関・三上[84]、坂井ら[85]、谷[86]で相次いで市販洗剤の経口投与による催奇形性を発表した。経皮投与については、LASを用いたものが和貝[87]、三上ら[88],[89]があり、市販洗剤を用いたものが三上ら[90]、Mikamiら[91]、三上・坂井[92]、和貝[87]、三上ら[93]で発表した。さらに皮下投与については、LASを用いたものが三上ら[89]で、市販洗剤を用いたものが三上ら[88],[89]、和貝[87]で発表されている。

なお、ここに挙げた中で、著者として三上が入っていないものもすべて三重大学医学部解剖学教室業績集に掲載されたものであり、実質上の三上グループからの発表である。これらの発表はすべて、合成洗剤およびそこに含まれる合成界面活性剤の催奇形性を肯定している。

一方、三上グループ以外の研究者による発表はすべてが合成洗剤およびそこに含まれる合成界面活性剤の催奇形性を認めていない。LASのマウスに対する経口投与については、Palmerら[95),96)]、高橋ら[97)]、塩原・今堀[98)]によって、ラットに対する経口投与についてはPalmerら[95),96)]、千葉[99),100)]、小谷ら[101)]によって、またウサギに対する経口投与についてはPalmerら[95),96)]によって催奇形性のネガティブデータが示された。市販洗剤についての経口投与についてはPalmerら[95),96)]、浜野ら[102)]、山本ら[103)]の研究が発表された。経皮投与実験としては、マウスにLASを用いたものが佐藤ら[104)]、東京都衛生局[105)]、枡田ら[106),107)]、Palmerら[108),109)]、高橋ら[97)]、今堀ら[110)]によって、ラットにLASを用いたものが、Palmerら[108),109)]、西村ら[111)]、Dalyら[112)]によって、またウサギにLASを用いたものがPalmerら[108),109)]によって発表されている。

市販洗剤の経皮投与実験では、高橋ら[97)]、Inoue, Masuda[113]、中原ら[114)]、飯森ら[115)]、佐藤ら[104)]、東京都衛生局[105)]がそれぞれマウスを用いた結果を発表している。皮下投与については、マウスを対象にLASを用いた研究結果が枡田・井上[116)]、高橋ら[97)]によって、市販洗剤を用いた研究がInoue, Masuda[113]によって発表された。

このように、両派は全く相容れない形で催奇形性論議が展開されたが、第2章でも示したように、種々の観点から催奇形性を肯定する三上グループのデータに問題があったことは明白である。

6　皮膚障害

皮膚障害については洗剤の脱脂作用、角質蛋白質への作用、細胞間結合物質への作用等が原因と考えられ、「手足が冷え症の人」「アレルギー体質と考

えている人」「子供の時からひび、あかぎれが起こりやすい人」「母、姉妹が合成洗剤で皮膚障害が起こる人」等に起こりやすいとされている。高濃度では多くの界面活性剤が皮膚障害への影響を示すが、通常の使用条件では一般に石けんも合成洗剤も皮膚に対して問題はないとされている。しかし、皮膚障害は個人差が大きいため、いずれの洗剤を用いる場合にも注意を払う必要がある。

一般に蛋白質変性等に関連してLASやAS等がより問題視される場合が多い。ただし、用いられている界面活性剤の種類のほか、シャンプー等を比較する場合には合成洗剤系シャンプーは弱酸〜中性、石けんシャンプーは弱アルカリ性のものが多く、液性の影響もあるため頭皮に対する刺激も石けんシャンプーの方に注意を払う必要がある。

『洗剤・洗浄剤の安全性等に関する調査報告書』[11]のp.106に各種界面活性剤の皮膚刺激性として次のような説明がある。

① LAS

高濃度で皮膚刺激がある。塗布での閾値は1％程度。

② AES

高濃度で皮膚刺激性がある。付加のEOのモル数が増加するに従い、皮膚障害が少なくなる。皮膚障害の現れる濃度は、反復塗布で1％、1回塗布で5％、一回閉鎖塗布で0.1％であると推定される。

③ AOS

30％塗布で影響があったが、20％塗布では影響がなかった。

④ AS

アンモニウム塩・ナトリウム塩・モノエタノールアミン塩・トリエタノールアミン塩では1％、25％で皮膚刺激があった。

⑤ AE

付加のEOモル数が増加するに従い、皮膚障害が少なくなる。高濃度では、動物の皮膚に対して刺激性がある。

⑥ポリオキシエチレン脂肪酸塩

　ポリオキシエチレン（8）ステアリン酸エステルは、ヒトの皮膚に対して特に刺激はない。

⑦AO

　使用濃度の50倍である8％でも皮膚刺激はない。AO配合の台所用洗剤の発売以後、手荒れ苦情が減少した。

⑧AG

　皮膚疾病患者において0.1％水溶液を48時間閉鎖塗布しても影響がみられなく、健康人では1.5％でも影響がなかった。

⑨アルカノールアミド配合洗剤

　実用上問題となる刺激性は認められない。

⑩石けん

　アルカリ鎖長の異なる石けんのうち、C_{12}の石けんの皮膚浸透性が最大であり、浸透性の大きいほど皮膚刺激性は大きい。

　このように、ポリオキシエチレン脂肪酸塩、AO、AG、アルカノールアミド配合洗剤等が皮膚刺激性が少なく、その他の界面活性剤は高濃度で皮膚刺激性が高まることが示されている。さて、合成界面活性剤と石けんとの比較であるが、LASやAS等は相対的にみて石けんよりも皮膚刺激性が高いと判断できるが、一方で皮膚刺激性を抑えたタイプの合成界面活性剤は刺激性が石けんのそれよりも低いと判断できる。用途によって使い分けられる合成界面活性剤の皮膚刺激性には非常に大きな幅がある。よって、皮膚刺激性に関して「石けん対合成洗剤」という対立構図で述べることには全く意味がない。

第4章　洗剤の環境影響

1　BOD負荷とCOD負荷

　BOD（Biochemical Oxygen Demand）は生物化学的酸素要求量、COD（Chemical Oxygen Demand）化学的酸素要求量と訳され、双方共に有機物による水の汚濁の度合いを表す尺度として用いられる。測定時にBODでは微生物による有機物の分解作用を、CODでは酸化剤による分解作用を利用する。値が大きいほど汚濁の度合いが大きいことになる。
　『Q＆A水環境と洗剤』のp.12「表2：食べ残しおよび調理排水の成分の一例」[1]をみると、BODについては粉石けんが880,000mg/l、合成洗剤（コンパクト）が95,000mg/l になっている。なお台所用洗剤は200,000mg/l、シャンプーは150,000mg/l、廃油が1,400,000mg/l の汚濁負荷となっている。またp.38にはコンパクト合成洗剤と石けんのBODとCODの比較があるが、コンパクト洗剤が標準使用量25g/30l、BODが6.25g、CODが1.79gであるのに対して、石けんは標準使用量50g/30l、BODが42.63g、CODが12.88gとなっている。つまり、合成洗剤に比して石けんはBODで6.8倍、CODで7.2倍の負荷があるとしている。
　また、p.43の「表11-1：市販粉石けんと手作り石けんの有機汚濁原単位の比較」では市販粉石けん（洗濯用）のCODが429mg/l、BODが1421mg/l、手作り石けん（ミニプラント）のCODが552mg/l、BODが1995mg/l、手作り石けんのCODが848mg/l、BODが2465mg/l としている。これと類似の市販石けんと手作り石けんを比較したデータとしては滋賀県の手作り石けんが

市販石けんの2〜3倍のBOD値を示すというデータや、市販石けんと手作り石けんでTOC（Total Organic Carbon：全有機炭素量）に大きな差はないとする兵庫県のデータがある。

『生活科学の最新知識：環境安全性編』[2)]では国立公害研究所資料からの引用データとして合成洗剤の1lあたりのBODが180mg/l（洗剤濃度1.3g/l）、粉石けんが1250mg/l（濃度1.7g/l）とし、それぞれ30lの排液からは5g、38gのBOD総量が排出されるとしている。なお、同データの中には台所用洗剤（標準使用量：1.5ml/l）のBODが300mg/l、3lの洗剤液を捨てると1gのBOD排出とし、シャンプー（標準使用量：1.5ml/l）のBODも300mg/lで3lのシャンプー水溶液液を捨てると1gのBOD排出になるとしている。また、天ぷら油では1,500,000mg/lとしている。

上記データの中で、まず『Q＆A水環境と洗剤』のp.12の合成洗剤（コンパクト）のBOD値95,000mg/lが他に比して異常に低値であることがわかる。この値はオーダー的にも洗剤そのものの体積（実際にはl=kg換算の重量として）に対するBOD値であると判断できる。よって実際の洗剤液としてのBOD総量は、合成洗剤の標準使用濃度が石けんよりも低いことより、合成洗剤と石けんとの間でさらに大きな差が開くことになる。『Q＆A水環境と洗剤』の中の他のデータでは合成洗剤（コンパクト）の標準使用量を25g/30l、石けんを50g/30lとしているのでこの条件に当てはめると、石けんが合成洗剤の実に18.5倍のBOD量を排出することになり、他のデータが示している7倍前後という値との差が著しく大きい。よって、この合成洗剤（コンパクト）の95,000mg/lという値については信頼性にやや疑問が持たれる。

また、『生活科学の最新知識：環境安全性編』で示されたデータの中で、シャンプーに関して、標準使用量が1.5ml/l、3lのシャンプー水溶液を捨てるとして計算している部分については、実際の使用法と考え合わせると理解し難い条件設定であると思われる。

このように、『Q＆A水環境と洗剤』と『生活科学の最新知識』の中で紹

介されているデータの中には多少の疑問点もあるが、それらのデータをもとに総合的に判断すると、石けん 50g/30l、合成洗剤 25g〜40g/30l の標準使用量で計算した場合、石けんが合成洗剤の約7倍ほどの BOD 排出になると考えられる。なお、1998年8月現在では石けんの標準使用量 50g/30l、合成洗剤の標準使用量 25〜40g/30l は双方共に実状よりかなり大きな設定値になっている。現在では石けんが 35〜40g/30l、合成洗剤は 15〜20g/30l が主流となっている。

　一方、『水環境と洗剤』[3)] には家庭排出の有機物量（BOD）の例として次のデータが示されている。これは、1989年の環境庁のデータに1996年の日本生協連の洗剤関連データを付け加えたものである。

　　みそ汁（200ml）＝ 7g
　　使用済みのてんぷら油（20ml）＝ 20g
　　牛乳（200ml）＝ 15.6g
　　米のとぎ汁（2000ml）＝ 6g
　　米ぬか粉せっけん（洗濯1回分）＝ 14.8g
　　セフターE（高級アルコール系洗剤：洗濯1回分）＝ 2.8g

　このデータより石けんと合成洗剤の比較を行うと BOD で石けんが合成洗剤の約5倍の汚濁負荷を有することになる。また、石けん、合成洗剤共に『Q＆A水環境と洗剤』と『生活科学の最新知識』で取り扱われていたレベルに比して半分程度に減少していることになる。ただし、廃油等の他のデータを同時に測定していない点、また洗濯の条件が不明であるため、このデータの中の洗剤関連 BOD 値を石けんと合成洗剤の代表的な絶対値として取り扱うことは避けた方がよいかもしれぬ。

2 　生分解性

　まず、各界面活性剤の生分解性についての研究データを見てみることとする。『Q＆A水環境と洗剤』[4]では次の順序であるとしている。

　　好気条件）　　　AS ≒ 石けん ＞ AOS ≒ AES ＞ AE ≒ LAS ＞ APE
　　嫌気条件）　　　AS ≒ 石けん ＞ AE ＞ AOS ≒ AES ＞ LAS ≒ APE
　　好気および嫌気）AS ≒ 石けん ＞ AE ≒ AOS ≒ AES ＞ LAS ＞ APE

　このように、総合的な生分解性を指標とすると4グループに分けることができる。直鎖の疎水基を持つアニオン型のASと石けんは好気条件、嫌気条件共に分解されやすい。直鎖アルキルフェニル基を含むLASとオキシエチレン鎖を含む硫酸エステル塩のAESそしてAOSはは嫌気条件で好気条件よりも分解されやすい。また、分岐形アルキルフェニル基とオキシエチレン鎖の二つの構造を含むAPEやAPESは好気及び嫌気のいずれの条件でも分解されにくい。なお、好気条件では炭酸ガスを発生するが、嫌気条件では有機酸を経てメタン、炭酸ガス、硫化水素等に分解される。

　『洗剤・洗浄剤の安全性等に関する調査報告書』[5]では次のようなデータが示されている。

（好気性分解：一次分解）
　　①AS ≒ AOS ＞ AES ＞ LAS ＞ AE ＞ APE
　　②AS ≒ AES ≒ AE ＞ APE ＞ AOS ＞ LAS
　　③AS ＞ AOS ≒ AES ＞ LAS ＞ APE

（好気性分解：究極分解）
　　①石けん ＞ AS ≒ AOS ＞ AES ＞ LAS ＞ AE ＞ NPE
　　②AS ＞ 石けん ≒ AOS ＞ AES ≒ AE ＞ LAS ＞ NPE
　　③AS ＞ 石けん ＞ AOS ≒ AES ＞ LAS ＞ AE ＞ APE

④ AS ＞ 石けん ≒ AOS ＞ AES ≒ LAS ？ AE ＞ APE

[以上、①関口ら[6)]、②三浦ら[7)]、③伊藤ら[8)]、④伊藤ら[9)]]

(微好気性分解)

AS ≒ AOS ＞ LAS　　[三浦ら[10)]]

(嫌気性分解：分解速度)

AS ≒ 石けん ＞ AE ＞ AES ≒ AOS ＞ APE ≒ LAS

(嫌気性生分解性：最終分解度)

AS ≒ 石けん ＞ AE ＞ APE ≒ AES ＞ AOS ≒ LAS

[伊藤ら[11)]、伊藤ら[12)]、伊藤ら[13)]]

(River die away 法)

AS ≧ AE ≧ AOS ＞ AES ＞ APE5 ＞ APE10 ＞ LAS ≫ ABM

(tetraalkylammonium chloride) ≒ ABDM (benzyl trialkylammonium cloride)

[Urano ら[14)]]

(River die away 法：石けんについて)

C_{12} ＞ C_{10} ≒ C_8 ＞ C_{14} ≒ $C_{18:2}$ ＞ $C_{18:1}$ ＞ C_{16} ＞ C_{18}

[吉村ら[15)]]

なお、生分解性を改良したタイプの界面活性剤についてその生分解性は問題視はされていない。

3　水生生物への影響

石けんは多価カチオンであるカルシウムイオンやマグネシウムイオン等とコンプレックスを形成し水に不溶性の金属石けんとなり、その界面活性を全く失ってしまう。これは、消費性能から見た石けんの根本的な欠点であり、

一般の合成洗剤はそのようなカチオンとのコンプレックス形成による消費性能低下を防ぐことが第一の利点となる。すなわち合成洗剤、そしてその主成分である合成界面活性剤は特殊な場合を除いて石けんよりも耐硬水性に優れている。この合成洗剤の耐硬水性は、実はそのまま多くの水生生物にとっての毒性として作用してしまうことになる。洗剤類の水生生物への影響を吟味する場合には、まずこの消費性能の一部との間に相反する関係のモノサシがあることを理解しておかねばならない。また、水の硬度との関係で界面活性剤の水生生物への毒性は大きく変化することも念頭においておかねばならない。

水生生物への影響としては魚毒性が一般に用いられる。魚毒性は水に溶解または浮遊した農薬等の薬物が魚介類等の水生生物に障害を与える性質またはその程度をいう。指標としてはTLm値（median Tolerance Limit value）、LC_{50}（lethal concentration 50）、NOEC（no observed effect concentration）等が用いられる。TLm値は試料水の持つ水質を魚類への急性毒性の立場から総合的に判断するための半数致死濃度である。LC_{50}は半数致死濃度でありガス体ないし溶解物質の急性毒性を示す値であるが、TLm値と同様の概念である。最近はTLm値よりもLC_{50}が用いられる。NOECはライフサイクルでの暴露試験により影響が観察されない濃度である。

まず魚毒性データの一例として『石けん・洗剤Q&A』[16]をみると界面活性剤の魚類に対するLC_{50}として、次のデータが示されている。

LAS	コイ	2.3～4.8mg/*l*
	キンギョ	7.5～10.0mg/*l*
AS	ヒメダカ	4.7～10.0mg/*l*
AES	キンギョ	10.0～40.0mg/*l*
	コイ	10.0mg/*l*以上
AOS	コイ	1.5mg/*l*

　　　　石けん　　　コイ　　　　　　　　20.5mg/l

　また、LASおよびその他の界面活性剤の淡水産の魚類および無脊椎動物に対するLC$_{50}$と淡水産藻類の生長阻害濃度についてのデータは、菊池が図にまとめており[17]、『洗剤・洗浄剤の安全性等に関する調査報告書』[5] のp.123をはじめ、『非イオン系合成洗剤』[18] のp.89等、比較的広く引用されている。

　LC$_{50}$以外では、植松[19] が「界面活性剤の鯉に対する毒性」に関する表（資料：第一工業薬品社報358、pp.1488～1504（1971））で次のデータ（単位はppm）を示している。

　　マルセル石けん　：48時間LC$_{50}$＝20.5、100％生残り限界＝5～10、
　　　　　　　　　　　100％致死限界＝40～80
　　抹香AS　　　　　：48時間LC$_{50}$＝2.0、100％生残り限界＝0.3～1.5、
　　　　　　　　　　　100％致死限界＝3.2
　　LAS　　　　　　 ：48時間LC$_{50}$＝2.2、100％生残り限界＝0.2～1.0、
　　　　　　　　　　　100％致死限界＝4.0
　　POE（4）オレイルエーテルサルフェート
　　　　　　　　　　：48時間LC$_{50}$＝2.2、100％生残り限界＝1.0、
　　　　　　　　　　　100％致死限界＝5.0

　ただし、元データの表中ではLC$_{50}$ではなくLC$_{30}$と表現されているが、本文中では「LC$_{50}$（半数致死濃度）を用いて」（p.423）とあるのでLC$_{50}$として理解した。また原文では「オレイルエーテルサンフェート」となっていたが「オレイルエーテルサルフェート」と読み替えている。

　以上のように、単に界面活性剤の魚毒性に関する実験結果を比較してみると、一般に淡水産魚類については次の傾向があると考えられる。

　　　AOS ≒ LAS ≒ AE ≒ AES ＞ AS ＞石けん

ただし、それぞれの界面活性剤のアルキル基の鎖長や、AE 等ではエチレンオキサイドの付加モル数が変わると、その魚毒性も大きく変化するので注意する必要がある。また、AS と石けんは他の界面活性剤に比して cmc が高く、同じ界面活性を得るのにより高濃度が要求される。よって、量的な要素を加えると必ずしも上記傾向は当てはまらない。なお、『よくわかる洗剤問題一問一答』[20]では、次の順であるとしている

　　　AOS ＞ LAS ＞ ABS ＝ APE ＞ AS ＞ AE ＞石けん
　　（注：原文ではAPEをPOE‐P、AEをPOE‐Rという記号で表している）。

また、『洗剤・洗浄の事典』[21]ではLASの生分解性の程度と水生生物への毒性との関係、およびLAS、AOS、石けんの魚毒性と硬度との関係が説明されている。LASは生分解が進むと魚毒性が低下し、吉村[22]の論文からはミジンコやファットヘッドミノーを用いた試験で、生分解により数百倍～数千倍以上毒性が低下することが示されている。また、LAS、AOS、石けんの魚毒性と硬度との関係を見るとTLm値（mg/l）が次のようになると示されている。

　　LAS　：0ppm ＝ 12、10ppm ＝ 5、50ppm ＝ 2、500ppm ＝ 1、市水 ＝ 4
　　AOS　：0ppm ＝ 3、10ppm ＝ 1、50ppm ＝ 1、500ppm ＝ 0.5以下、
　　　　　市水 ＝ 1
　　石けん：0ppm ＝ 9、10ppm ＝ 60、50ppm ＝ 90、500ppm ＝ 700、
　　　　　市水 ＝ 150

なお、『非イオン系合成洗剤』[18]では、ヒメダカの致死濃度試験結果が次のようになるとしている。

　　0ppm（蒸留水）：石けん ＝ 20ppm、LAS ＝ 40ppm
　　50ppm（Ca）　：石けん ＝ 500ppm、LAS ＝ 10ppm

50ppm（Mg）　　：石けん＝50ppm、LAS＝10ppm

　そして著者の小林は、カルシウムイオンが特に石けんの魚毒性を低下させるとしている。ただ、この結果はカルシウムイオン50ppmの存在で石けんが500ppmであれば毒性が発現しないということになり、これは逆にカルシウムイオン50ppmの条件下では500ppm以上の石けんがなければ十分な界面活性を示せないということになる。500ppmというのは0.05％であり、40g/30lの0.133％の約60％が石けん純分として計算した0.078％に非常に近くなる。カルシウム50ppmというのはそれほど例外的な条件ではなく、その際に0.05/0.078=64％近くが無効になるとは考えられないので、この500ppmというのは信頼性がない。一方、500ppmの硬度では標準濃度の石けんがほとんど使いものにならないことより石けんの魚毒性が数百ppmになるのは、やはり硬度が500ppm程度となる場合であろうと考えられる。

　このように、一般に魚介類に対する毒性を比較すると、合成洗剤の成分である界面活性剤の方が石けんよりもより危険であるといえる。ただし、実際の河川・湖沼等で魚介類に対して合成洗剤に含まれる界面活性剤が悪影響を及ぼしている状況はごくわずかであるとされている。この点でも情報に対して一般消費者は注意する必要がある。界面活性剤に対して非常に敏感なウニの受精卵を用いて得られた魚毒性をもとに合成洗剤に含まれる界面活性剤が低濃度でも危険であると決めつけた情報も見受けられる。しかし、ウニの生息する環境で界面活性剤は検出されることはほとんどない。

　また、もともと生活排水等のたれ流し等で魚類等の生存がほぼ不可能となっているところでの界面活性剤の濃度をもとに、合成洗剤に含まれる界面活性剤が実際に大きな環境問題を引き起こしているといった内容の情報もみられる。問題になるのは流水自体が少ない小川等に洗濯機からの多量の排水等が流れ込み、一時的に無視できない魚毒性を示す環境が生まれてしまう可能性がある場合などである。

4　下水処理施設への影響

　『洗剤・洗浄剤の安全性等に関する調査報告書』[5] の p.136〜p.137 では、主要 11 都市における下水処理場での BOD および MBAS の除去率の平均値はそれぞれ 95％と 97％であり、ほとんど除去されていると報告されている。隅田川流域の下水道普及率の変化と BOD を照らし合わせてみても、下水道の整備と共に水質（BOD）も改善されており、河川水への洗剤による汚染も改善されていると考えられる。これらの元情報は菊池[17]、東京都下水道局[23]による。

　また LAS と石けんが下水処理に及ぼす影響をモデル実験した結果をみると、LAS では著しい発泡が生じて消泡を必要とする場合があり、石けんではバルキングが起こりやすい傾向にあり、セッケンは LAS に比較して硝化を著しく阻害するとしている[24]〜[26]。

　このように、東京都生活文化局消費者部では石けんと合成洗剤（LAS 系）の下水処理施設への影響に関して、それぞれに欠点はあるが両者に大差はないと結論づけている。

　また、『Q&A 水環境と洗剤』[1] の p.44〜p.45 には LAS と AS の活性汚泥に及ぼす影響の実験の結果、AS は LAS に比して容易に分解されると共に浄化能力に及ぼす影響もきわめて小さいという結果が得られたとしている。また人工排水を用いて各種洗剤の処理性を検討した結果、標準曝気（HRT6h）では標準濃度の 2 倍を超えると処理水質が著しく低下し、特に石けん系では硝化がほとんど起こらなくなるとしている[27],[28]。

　一方、実用規模に近い実験としては三島市、光が丘団地汚水処理場、および富士市富士見台下水処理場で住民が実際に合成洗剤（LAS 系）から石けん

に切り替えた場合の処理能力の変化についての実験を行い、石けんへの切り替えが下水処理能力の向上に結びつく結果を得たとしている。『Q&A水環境と洗剤』の中では、このフィールド系での実験に関してはファクターも多くなるので評価が困難であると指摘している。すなわち、どちらかといえば合成洗剤（LAS系を含む）が下水処理にはそれほど有害ではないとする立場であるように感じられる。

しかし、一般には実際の下水処理施設からの結果報告は大変な説得力を有する。合成洗剤の下水処理へのネガティブな影響の根拠として三島市の実験は頻繁に用いられている。『びわ湖につづけ合成洗剤追放運動』[29] および、『洗いなおそう私たちのくらし』[30]（『消費者リポート』384号の転載）、に比較的詳しく三島市の実験が説明されているので、ここで消費者レベルで伝えられた情報例として、その内容をまとめてみると次のようになる。

　　三島市光が丘団地の汚水処理場で行ったフィールド実験で、一般家庭で合成洗剤の代わりに石けんを使うと汚水処理場の負担が半分で済み処理能力が著しく高まるという結論が導かれた。
　　1961年に完成した光が丘団地（983世帯）の汚水処理場では処理能力を上回る1000トンの汚水が流入することもしばしばで、下水道法によるBOD、SSの水質基準を守ることができなくなるおそれがでてきた。そこで、同市下水道部では処理能力を落とす原因として合成洗剤に着目し、1978年5月より調査を始めた。1979年1月までは従来通りの汚水を流し、その後、2月から9月までは983世帯に粉石けんを無料配布してその差を調べた。
　　各々の期間についての運転方法はDO、MLSS返送比等、月当たり500回〜600回の試料を採取、全く変らない運転方法であるよう細心の注意をはらい管理した。比較検討項目は流入水量、pH、BOD、COD、MBAS、リン塩素、蒸発残留物関係3項目、窒素関係5項目等の15項目である。
　　実験結果をみると、表4-1に示すように、流入水については5月のデータより合成洗剤から石けんに変えると−71.8m^3/日となっている。一方、6月の

データ比較からは、石けんに変えると－88.0m³/日となっている。すなわち石けんに変えると流入水が10％ほど減る。活性汚泥処理法にとって曝気槽での滞留時間が長くとれ、十分な酸化ができ、長い沈殿時間がとれるので処理効果が向上したと考えられる。

pHに関しては石けんにすると曝気槽がより中性に近づくので処理効果を上げる一因となっている。MBASに関しては、この調査の数値が出る前までは、流入濃度と放流濃度との差による比率から97～98％は分解するものと信じられていたが、実に恐ろしいことにその80％程度は汚泥に吸着され、環境に捨てられていくことがわかった。

同市下水道部では粉石けんに切り替えてかえって流入水負荷が減ったのは驚きで、住民が合成洗剤から粉石けんに切り替えれば処理場の規模を半分にしても可能であると結論づけられる。

表中のCOD値等に多少の誤植らしき部分も見当たるが、三島市の実験結果を概観すると、合成洗剤から石けんに切り替えることによって水の使用量が減少し、BOD負荷も低下して下水処理能力が著しく向上するものと一般消費者には伝わる。しかし、注意深く内容を検討すると種々の疑問が生まれる。

三島市の実験結果の中で、まず注目される点は合成洗剤から石けんに切り替えて、なぜ水の使用量が減少し、さらに流入水のBOD値等までも低下するのかという点である。その点については『洗いなおそう私たちのくらし』[30] pp.368～369に、この三島市の実験を実際に担当したとされる人物のコメントをもととして作成された文章の中に関連記述があるので見てみる。使用水量については、次のように記述されている。"種明かしをすれば、低温パワーや全温度をうたう合成洗剤に対して、せっけんは水温が高いほど洗浄効率が上がるということが、生活の知恵として定着しているということになります。風呂の残り湯の再利用という方法で、主婦たちは見事に、1＋1＜2を成り立たせていたのです。また洗濯の最後に行う洗濯機の清掃に使う水の量も、せっけんの方が少なくて済むということもあります。"

表4-1　三島市下水処理実験のデータ

測定項目	中間報告*1 合成洗剤	中間報告*1 石けん	中間報告*2 合成洗剤	中間報告*2 石けん
流入水量(5月)	776.0 m³／日	704.2 m³／日		
流入水量(6月)	822.0 m³／日	734.0 m³／日		
流入量(全期間)			823.2 m³／日	757.8 m³／日
pH(流入水)	7.37	7.63		
pH(曝気槽)	6.73	6.97		
pH(放流水)	6.90	7.11		
BOD(流入水)	152.6 ppm / 124.1 kg／日	157.6 ppm / 116.3 kg／日	124.7 kg／日	108.1 kg／日
BOD(放流水)	16.2 ppm / 13.4 kg／日	3.73 ppm / 2.8 kg／日	11.8 kg／日	2.3 kg／日
COD(流入水)	60.1 ppm / 13.4 kg／日	74.8 ppm / 11.54 kg／日	49.9 kg／日	46.7 kg／日
COD(放流水)	49.7 ppm / 11.0 kg／日	55.4 ppm / 8.5 kg／日	11.1 kg／日	7.7 kg／日
ss(流入水)	97.8 ppm / 82.2 kg／日	78.4 ppm / 58.5 kg／日	76.8 kg／日	57.9 kg／日
ss(放流水)	11.1 ppm / 9.1 kg／日	5.1 ppm / 3.8 kg／日		
MBAS(汚泥中)	16.273 ppm	9.1765 ppm		
MBAS(流入水)	8.45 ppm	4.36 ppm	7.6 kg／日	3.3 kg／日
MBAS(放流水)	0.53 ppm	0.09 ppm	0.27 kg／日	0.06 kg／日
MBAS(除去率)	93.7 %	97.9 %		
リン(流入水)	11.74 ppm / 9.6 kg／日	8.82 ppm / 6.6 kg／日	9.5 kg／日	6.3 kg／日
リン(放流水)	10.03 ppm / 8.2 kg／日	5.17 ppm / 3.8 kg／日	8.1 kg／日	4.1 kg／日

＊1：『びわ湖につづけ合成洗剤追放運動』 pp.126-128
＊2：『洗いなおそう私たちのくらし：無リン洗剤も追放しよう。』 p.371

相当に乱暴な論理展開であるが、実際に当該地区の住民が合成洗剤では水道水をそのまま用い、石けんでは風呂の残り湯を用いるというパーソナリティが備わっていたのならば、地区の特異性を考慮した上で結果は認められるであろう。

　しかし、もう一点のBOD負荷量の減少については認めがたい点がある。使用水量の説明に続く部分で、石けんに切り替えれば流入負荷量は増大するだろうという予測に反して流入負荷量も減少したという部分を受けて、次のように記している。"そして、実際には石けん期間の方が流入負荷量は少なくなっています。このことは、消費者が意識して使い過ぎをいましめ、無駄使いを省くようになった結果かとも考えられます。だとすれば、この実験に協力を求めるため、繰り返し行われた話し合いの付随効果とも云えるでしょう。"

　この部分を見れば、残念ながら三島市の実験は、合成洗剤と石けんを比較する実験としての根本的な条件を欠いていると判断せざるを得ない。比較実験ならば、そのような付随効果を無くすることを最優先しなければならないからだ。周知の通り、有機物負荷に関しては、石けんの方が合成洗剤よりも不利となり、当該資料でも生活排水全体の中の10～15％程度の負荷量増大を予想している。それが逆に、石けんに切り替えたことによって負荷量が減少するというのは、洗濯以外の家庭排水に関連するライフスタイルを変化させたことを意味する。つまり、[合成洗剤使用＋環境無配慮型ライフスタイル]と[石けん使用＋環境配慮型ライフスタイル]とを比較しているのであって、決して合成洗剤使用と石けん使用の比較を行ったのではない。平易にいえば次のようになる。同じ量で比較すると石けんが有利。しかし汚れ量を少なくするという点では合成洗剤が有利。三島市の実験では合成洗剤を石けんに変える際、洗剤以外のものを操作して石けん使用時の方が汚れ量が少なくなるようにした。同量なら有利な石けんが、他の汚れの減少という助力によって合成洗剤の利点を無くしてしまい圧勝した。

これでは合成洗剤が不利になるのは当然のことであって、石けんと合成洗剤を比較したことなどにならない。このように、下水処理に関して合成洗剤有害説の根拠となっている三島市の研究データは、問題がある情報であると判断できる。

　なお、中間報告のまとめが最後に説明されているが、「これらの経過の中で行政の対応として次のことが決定された」（p.128）とあり、p.129には「(5) 組合員各戸への粉石けんを配る（7月分）」、「(6) 使い方、洗剤との違い、弊害等小冊子を作り (5) に配る」、「(8) 組合で粉石けん、台所用石けん、歯みがき粉の斡旋をする。」とある。三島市の正式の一部局の報告書に三島市の正式の対応として、「組合」に関しての事柄が記入されているというのは現在の感覚からすれば理解しがたい点である。現在では想像もできないような背景があったことがうかがえる資料である。

5　環境ホルモン問題との関連

　1997年後半から日本でも環境ホルモン（外因性内分泌攪乱化学物質）が注目を集め、1999年8月までに60冊を超える環境ホルモン関連書籍が出版された。その環境ホルモン関連情報の中で界面活性剤が関与するのがアルキルフェノールに関する話題である。

　イギリスでローチというコイの一種が減少したことから調べてみたところ、精巣が未発達なために生殖できないことがわかった。原因物質を探した結果、羊毛の洗浄工場で使っていた業務用（工業用）合成洗剤の界面活性剤（洗浄成分）、アルキルフェノールエトキシレートが水の中で分解してノニルフェノールが生成していた。それが女性ホルモン様に作用し、精巣の発達を阻害したとしてマスコミで伝えられが、一部で「合成洗剤＝環境ホルモン」

との情報が広がる傾向もあったため、日本石鹸工業会は、1998年5月に「家庭用合成洗剤に、アルキルフェノールエトキシレートを使用していません。」という声明文を発表した。

以下、環境ホルモン関連書籍における「ノニルフェノールの界面活性剤との関連」についての問題のある記述部分をみてみることとする。

1 APEを家庭用洗剤に結びつける書籍

次の各書籍はAPEが日本等の家庭用洗剤類には含まれないことを著者が認識していないか、著者がその点を認識しているとしても読者に対してAPEが家庭用洗剤類に含まれているという誤解を招く表現になっている。

- 『神々の警告 環境ホルモン解決への道に迫る』[31)]
   "ノニルフェノール、ビスフェノールA等：界面活性剤や合成樹脂そのものの原料となり、日常生活の中で人々との密接な接触を持つ物質。"、"この物質（ノニルフェノール）は合成洗剤の主成分である界面活性剤が水の中にでたときに小さく分解されて、最後に残る物質です。
   環境ホルモンの脅威は、合成洗剤という、私たちにとって身近なところに存在するのです。"
- 『環境ホルモンという名の悪魔』[32)]
   "ノニルフェノール類：用途--界面活性剤、洗剤、樹脂添加剤等"、"合成洗剤等に含まれている：後者（ビスフェノールAやノニルフェノール）のような化学物質については日常品等を通して今もたくさん使われ、暴露を受けているということが問題（略）。"
- 『どうすればいい？ 環境ホルモン』[33)]
   "ノニルフェノール：洗剤の材料や（中略）となる合成化学物質"、"界面活性剤：洗剤はその代表格。ノニルフェノールや、ビスフェノールA

等環境ホルモンと考えられる化学物質が含まれる。"

2　反合成洗剤に直結するパターン

　次の各書籍は、完全に家庭用合成洗剤の使用が環境ホルモン問題に直結するという前提から、環境ホルモン対策のために合成洗剤の使用を止めるか、合成洗剤ではなく石けんを使用することを積極的に推奨しているものには次のような書籍が挙げられる。

- 『環境ホルモンから家族を守る50の方法』[34]
　　"界面活性剤、石油製品の酸化防止剤や腐食防止剤等に用いられており、"、"安全なものは、脂肪酸カリウム、脂肪酸ナトリウムを成分とする界面活性剤で、それは石鹸だけです。安全ではないもののなかで、特に非イオン系の界面活性剤には、環境ホルモン物質である「アルキルフェノール」が検出されています。"、"環境ホルモンと界面活性剤の有害物が合わさると、皮膚からの浸透が増すため、有害性を強める可能性もあります。界面活性剤は皮膚障害、内蔵細胞の破壊だけではなく、胎児への悪影響も認められています。"、"環境ホルモンによって、ホルモン分泌が乱れたところに、界面活性剤が加わると、より強く胎児への影響がでかねません。妊娠中でない女性も、皮膚から血管に入った界面活性剤は体内に10％ほど蓄積されるといわれているため、けっして安心はできないのです。"
- 『環境ホルモンの正体と恐怖』[35]
　　"合成洗剤の成分からも環境ホルモンが…　（中略）研究が進むにつれて、このノニルフェノールの発生源はプラスチックだけでなく、合成洗剤からも発生することがわかってきた。（略）このアルキルフェノール

が合成洗剤の成分である非イオン系界面活性剤の分解物だった。

　非イオン系界面活性剤というのは、新しいタイプの洗剤で、一般的に泡が立ちにくいが、洗浄力が強く、皮膚を刺激しないという性質をもっているので、コンパクト洗剤等に多く用いられている。

　非イオン系界面活性剤は家庭用や工業用の合成洗剤のほか、繊維やゴム、塗料等の工場での洗浄剤、さらには農薬の乳化剤等にも使われている。"

- 『環境ホルモンってなんですか？』[36)]

　"合成洗剤の原料として使われますが、酸化防止剤としてプラスチックにも添加されます。"、"環境ホルモンに負けない生活術：食器洗いも、せんたくも、固形や粉のせっけんで。食器洗い用の液体せっけんもあります。"、"コマーシャルで宣伝しているのはみんな合成洗剤。合成洗剤は川で分解されると環境ホルモンになり魚や貝をとおして私たちの体に入ってきます。"

　『環境ホルモンから家族を守る50の方法』では、全く根拠のない界面活性剤－環境ホルモン相乗作用説を打ち立て、安全なものは石けんだけであると主張している。洗剤告発書籍によく用いられる、有害物質－界面活性剤の相乗作用説を環境ホルモンにも当てはめたものであると考えられる。『環境ホルモンの正体と恐怖』では、「APE＝ノニオン界面活性剤」→「ノニオン界面活性剤＝家庭用合成洗剤に用いられる」との論から家庭用合成洗剤が環境ホルモンの原因になるとしている。『環境ホルモンってなんですか？』に至っては、一般の家庭用合成洗剤が環境ホルモンの原因であるとして石けん利用を訴えている。この内容は明らかな誤りを含んでおり、新たな視点としての「情報の消費者問題」として理解することもできる。

　特に、環境ホルモン問題に関しては、その根本的な原因についても理解する必要がある。環境ホルモン問題の根本的な原因、それは言い古されたこと

だが、むやみやたらと新技術、特に合成化学技術を取り入れ、それらの技術を欠いては成り立たない社会を形成してしまったことにある。そして、科学者はもっと慎重に新技術開発に取り組むべきであるとの方向性が求められているというのが現状である。しかし、当の科学者にしてみれば、その新技術開発の流れに沿って取り組むことが、社会を豊かにし、人類の幸福に貢献することにつながると考えていた場合がほとんどであろう。決して、環境ホルモンといった深刻な問題を後世に残すことを目的として技術開発に取り組んだ研究者はいない。結局、社会の1つの流行が生じた際に、自らもその流れに乗り、その流れをより加速していく一員に加わることに意味があるのかどうか、その点を深く検証することが求められているのではないだろうか。

　そのような視点から、現在の環境ホルモン関連の情報はどのように評価できるだろうか。先述したようにわずか1年半ほどの期間に60冊を超える関連書籍が出版されている。しかも、その中にはいわゆる学術レベルでの専門家自身が、積極的に一般消費者を対象に、わかりやすく噛み砕いた情報を提供しているものが多く含まれていることが大きな特徴である。つまり、信頼性・わかり易さにおいて問題のない情報が十分に社会に出回っている。その他に、専門家情報をさらに噛み砕いてわかりやすく説明しなおした書籍や、社会的背景等の視点を変えた書籍等もあり、その多様性自体は消費者にとって非常に好ましい環境を形成しているといってよい。

　しかし、中には、それらの専門家が発した情報を単に並び替え、また、必要以上の恐怖心を煽るような間違った解釈を付け加えただけの情報が数多く出回り、結果として消費者の情報環境を劣化させている。監修だけ著名な専門家の名を借り、実際の執筆のほとんどは別のライターが担当しているといったパターンも出現した。ひどいものは、環境ホルモン関連で恐怖感を煽ることに対して警鐘を鳴らす専門家を監修者としながら、その書籍のタイトルが消費者の恐怖感を煽るものになっており、その監修者が、はしがきでその言い訳をしているものもある。

そういった状況下で、APEを家庭用合成洗剤と結びつけてしまうほどのレベルの低い情報が存在する必要があるのであろうか。「環境ホルモン」を広めるのに重要な役割を果たした媒体に、テレビ番組での特集が挙げられるが、その中は「DDTおよびその代謝物質→アポプカ湖のワニ」、「ノニルフェノール→イギリスのローチ・ニジマス」、「有機スズ→日本のイボニシ」は定番と言ってもよいほど頻繁に取り上げられており、そこでもノニルフェノールは工業用で家庭用には含まれないと説明されている場合が多い。すでにテレビ番組でもそのような報道がなされている中で、APEと家庭用合成洗剤を結びつけるというかなりレベルの低い誤解に基づく情報を提供する書籍なのである。

　繰り返して述べるが、合成物質を否定的にとらえること自体は否定されるべきことではない。合成物質の氾濫が環境ホルモン汚染を導く、よって合成物質の代表格である合成洗剤の使用について再検討しようといった意見なら、それは特に問題となることはない。今後の消費社会や商品のあり方を考える上での重要な視点の1つと考えてよいだろう。しかし、家庭用合成洗剤の使用＝環境ホルモン汚染と直結することには非常に大きな問題が含まれる。これは事実のねじ曲げが含まれており、完全な不良情報であると判断できる。表面的には消費者保護の姿勢をとった情報であるかのように感じられるかも知れぬが、その影響等を考えれば、明らかに消費者の情報環境にとってマイナスとなる方向に作用することがわかる。

　まさに化学物質開発の波に乗って、その物質の環境影響等に十分に配慮しないまま商品として流通させてしまうというのと変わりない行動パターンがそこにみられると解釈できる。環境ホルモン問題で最も重視すべき反省点、それを逆撫でするような現象が、環境ホルモン告発のための書籍発行にもみられる。モノであれ、情報であれ、適正な準備・配慮なく発せられることこそが環境問題の根本的原因なのである。その情報発信姿勢そのものが環境問題の根本的な一要因なのだ。

第5章 高度情報社会と消費者

1 情報化の意味

　近年、情報が企業活動の対象として大きく注目を集め、また従来のように情報環境は情報生産者から消費者への一方通行型ではなく、インターネットを中心としたマルチメディア・ネットワーク技術の発展によって双方向性の情報社会へと変化してきた。情報の価値と量、速度等は向上し、何より誰もが社会的に影響を及ぼすことのできる水準での情報の生産者になりうる機会が得られたことは画期的なことである。しかし、情報に関しては他の商品・サービスに比して消費者保護の体制が整っていない。情報発信に関するモラルも皆無であり、一般消費者の情報の価値認識も低いように思われる。欠陥を有する有形商品が比較的速やかに排除されるのに対して欠陥情報に関しては一般消費者は非常に寛容であるように思われる。また、モノの窃盗に比較すると情報の違法コピーに伴う罪悪感はあまりにも軽微であるように感じられる。

　しかし情報に対する価値観の備わっていない消費者は、悪質な生産者にとってはこの上ない絶好の餌食となる。情報の商品化がますます進行していく中で、消費者の情報に対する価値観を高め、自ら違法コピー等を行わないモラルを身につけると共に、不良な情報や消費者に不利益をもたらす情報に対しては許容せず、その責任を追及していくといった権利意識が望まれる。まずは、我々は情報に対してモノ商品と同様の価値観を有することが第一条件となる。また、自ら市区町村・都道府県の地域次元、国次元、そして地球次

元における政策等を決定するための情報が、このような混乱した情報環境の中で取り扱われることも決して望ましくはない。

とはいえ、従来の有形商品・サービスとは異なり、情報には報酬を伴わない生産者も多く、法的な情報規制によって言論・表現の自由を放棄することも望ましい方向であるとは言えない。よって、従来の消費者問題の対象とされてきた商品・サービスに関連する消費者保護体制とは異なるニュー・ルールを模索していく必要があるであろう。

ところで、情報が一般消費者に流れ、消費者がその情報を元に判断し、その結論によって家庭、職場、地域コミュニティー、市区町村行政、国家行政、そして地球レベルでの意志決定を行う社会システムの中で、今後の最重要課題が環境問題であろう。すべての基本となるのが各個人の意志決定であり、それに従って上位の次元における意志が決定されていく。その各個人の意志決定に影響を及ぼすのがマスコミ、行政機関、学校、地域・職場・家庭コミュニティ等からの情報である。また、先述したように従来の末端消費者が逆に生産者となって情報を発信することも可能になっている。それらの環境問題関連情報の流れとその影響について研究し、そしてその情報自体を消費科学的に評価する研究分野が必要ではないかと筆者は考える。

幸か不幸か、日本においては合成洗剤問題が非常に貴重な環境情報消費科学のケーススタディの対象として存在する。合成洗剤の人体への安全性や環境への影響をめぐる論議は理化学的側面のみならず、消費者運動・環境運動との関連性や、場合によっては政治的な背景を有する複雑性を呈している。

洗浄関係の専門分野の学会メンバーの多くは合成洗剤問題はすでに解決済みであると考える者が多く、一方で小・中・高等学校等の教育関係者や消費者行政関係者、消費者団体メンバー等には合成洗剤追放または石けん推進を支持する者が多い。地方自治体においても合成洗剤への対応は様々であり、東京都が合成洗剤容認の風潮があるのに対して、神奈川県では石けん推進の姿勢がみられる。例えば同じ教育指導主事の立場であっても、小学校教員対

象の講習会の講師に対して合成洗剤悪玉論的な内容は避けるようにと忠告する者もいれば、家庭科教室に合成洗剤が据えられているのを発見するや、担当教官を呼び出して厳重注意する者もいる。

現在、コンピュータネットワークの利用が注目を集めているが、パソコン通信やインターネットのネットワークニュース上で合成洗剤問題をテーマに挙げ、しかも誰かが合成洗剤擁護派に回ればその議論の場は必ずといってよいほど殺伐とした雰囲気で覆われてしまう。筆者も生涯学習へのコンピュータネットワークの利用に着目し、そして実体験のためにパソコン通信の掲示板やネットワークニュースに参加した筆者はこのような議論の場では合成洗剤擁護派となる。ただ「合成洗剤は一口飲むと死んでしまうような毒物だ」とか「妊婦が合成洗剤を使うと奇形児が生まれる」等の意見に対して異を唱えただけであるのだが。その結果、実際の日常生活上では経験したことのない罵倒を浴びせかけられることにもなる。

本来、消費者の意志決定のシステムにおいて、必ずしもその意思が多数の消費者間で統一される必要はないのであろう。いや、むしろ統一された意志というのは、合成洗剤問題と同次元の対象についてはほとんどあり得ないことである。しかし、合成洗剤問題についての意志決定はあまりにも両極端であり、しかも単なる家庭用品の一グループが対象である割にはそこに生じる摩擦は大きすぎる。

従来、情報はモノの付属品程度にしか扱われてこなかったのだが、今後の高度情報時代には情報の価値観が高まり、情報が商取引の対象となっていくなかで、従来のモノに対するのと同様に、情報に対しても高い価値観を備えることが消費者に求められる。そして商品化した情報に対する消費者の価値観を高める消費者教育の中心となり、発生した情報商品関与型消費者問題への対応の中心となることが期待されるのが、やはり消費者団体等の消費者保護組織である。そのためには消費者保護組織に対して情報に関する価値観の向上が求められることになる。そして、その情報重視型の消費者運動への転

換過程において、従来の消費者運動の方法論が反省の対象となってしかるべきであると考えられる。

合成洗剤追放運動に関連して具体例を挙げれば、「合成洗剤は人間を殺傷する毒物である」、「合成洗剤には催奇形性がある」、「合成洗剤には発ガン性がある」、「合成洗剤を使うと肝臓障害になる」、「合成界面活性剤の入ったシャンプーを使うとハゲになる」等の情報が科学的根拠のない劣悪な情報であると判断できる。また、現段階では水質汚濁負荷軽減のために合成洗剤よりも石けんを用いることが好ましいという石けん推進論自体が再検討を迫られているという現実がある。合成洗剤を排除するための石けん推進論は、噂話レベルでのコミュニケーションは別として、公的機関の主催する生涯学習や学校教育の中での消費者教育の一環として取り上げられる内容では決してあり得ない。

2 環境・安全関連情報の分類法

さて、ここに情報の流通過程で表5－1に示す4段階の情報分類体系を想定する。研究者レベルでは、自ら行った実験研究を一次情報として発表したり、一次情報を収集整理し二次情報を発信する。消費者リーダーは主として研究者レベルから発信される二次情報を噛み砕いてわかりやすく一般消費者に三次情報として提供する。また、三次情報をもとに、一般消費者レベルでも自らの学習の一環として情報を発信することもある。これを四次情報とする。以下、洗剤関連情報を例としてみていく。

表5-1　理化学分野消費者情報の分類

仮名称	情報提供者	情報媒体
一次情報	研究者	学術誌(論文)、実験研究報告書など
二次情報	研究者	学術誌(解説・総説)、調査報告書、専門書、一般書籍(難解)など
三次情報	消費者リーダー	一般書籍(平易)、消費者教育用教材など
四次情報	一般消費者	消費者教育用教材、個人WEBページなど

(1) 一次情報の問題点

　洗剤論争に関連する一次情報の問題点とは、発表された研究の方法論や結論の導き方等に問題がある場合で、代表的なものとしては合成界面活性剤の催奇形性を肯定する三上グループの情報が挙げられる。また、第4章で示した下水処理に関連する三島市の報告も一次情報生産者の問題と考えられる。

　一次情報は、学術レベルでの論議を経たものにはそれほどの問題はないが、直接消費者レベルに伝達する情報は、後々まで歪みを残すことがある。

(2) 二次情報の問題点

　二次情報では、一次情報の加工過程に問題が生じる場合がある。例えば、LASの慢性毒性に関して公的には通常の使用法において問題はないと考えられているが、一部の消費者団体等では通常の使用法においても十分に危険であると主張されている。その根拠は第3章で示したように大きな問題を含む小林の毒性計算等が基となっているが、これは研究者レベルで発信された二次情報である。また、界面活性剤の急性毒性についての情報で、特に合成界面活性剤の有害性を強調する場合等に、数多くの研究が行われている中で自分の主張に有利なデータのみを取り上げるといった手法が用いられたりもする。

ほかに、一部の一次情報にも当てはまることだが、誤解を招きやすい表現も多く見られる。電子顕微鏡写真等で合成界面活性剤により毛髪が大きなダメージを受けるという印象を与える手法が用いられたり、「〜はほぼ安全だと考えられている」と表現される内容を「〜の危険性を完全に否定することはできない」という表現に変える等、混乱の原因になるものが多々見られる。

(3) 三次・四次情報の問題点

　消費者リーダーから発せられる三次情報は、運動方針に沿った消費者行動を喚起することを主目的とする。よって、その立場上、情報の正確さよりもインパクトを与えることを目的とした内容・表現になり、また消費者レベルで発信される四次情報もまた同様の傾向を示す。具体的には、「〜の危険性を完全に否定することはできない」→「〜の危険性を指摘する者もいる」→「〜は危険だと考えられている」→「〜は危険物だ」というように、もとは「〜は、ほぼ安全だと考えられている」と同義の内容であっても、情報が伝達していく過程で全く正反対に伝わってしまう場合もある。

　また、研究者レベルでの情報から遠い立場にあるので、元情報が発信された後の訂正情報が伝わらないこともある。当初マスコミで台所用洗剤の誤飲で急死したと発表された庵島事件に関する三次・四次情報にこのケースに相当するものがみられ、後述する蛍光増白剤の発ガン性に関する情報にも同様の問題がみられる。

3　一次情報の質について

　「合成洗剤の有害性を立証した研究」として取り扱われたものとしては、合成界面活性剤のほ乳類に対する催奇形性に関する研究が代表的なものとして挙げられよう。さすがに新聞では取り上げられなくなったが、現在でも一般書籍や一般消費者レベルでの講座等の中で、合成洗剤によって奇形児が生まれることを連想させるショッキングな写真等が資料として使われている。しかし、この催奇形性に関する情報は我々に一次情報のあり方についての重要なポイントを示してくれる。

　合成洗剤のほ乳類への催奇形性は学会レベルでは否定されたものである。もちろん、学会がすべて正しいわけでもなく、水俣病に関しても、当初は企業と中央の有力研究者からの熊本大学研究者への相当な中傷・非難等の圧力があったといわれている。しかし、安全性に関わる重大事項は、大きな論争があれば国際的に注目を集め、科学的土俵上で、理論・実証の立場からより正しい者が有利になっていくものである。日本国内では比較的、反企業型の研究は日の目を見ないことが多いようだが、国際的な舞台では一概にそういう傾向であるとはいえない。極端にいえば、反企業型研究の駆け込み寺は国際的な学会にあるということもできる。

　合成洗剤に関する催奇形性問題も、ことの重大さ故に国際的にも注目を集めた。その結果、海外の研究者から、その結果が混乱しており支持できるものではないと判定されてしまった。さらに催奇形性についての世界的権威に全く同じ条件での追試験を行われて実験結果に疑問が持たれてしまい（平易に言えば、その実験結果はデタラメだと言われてしまったということ）、合成洗剤の催奇形性の主張は国際学会上では完全に息の根を止められてしまった。しかし、その否定されたデータが日本の消費者教育の場では現在も生き

続けている。

　研究者は情報の生産者である。情報の生産者に最も要求されるのは情報の信頼性である。いったんその信頼性を失った場合、その後、その情報の生産者によって発信される情報に対しての信頼性が疑問視されるのはごく当然のことである。つまり、そのような者の言うことは信じられないと判断されても仕方のないことである。もちろんその情報の生産者にも信頼回復の機会はある。再現性のあるデータを国際舞台で発表すればよい。発表の機会自体が奪われてしまうわけではない。デタラメな研究の発表をしたとの烙印で学会を避けるといったこともあろうが、催奇形性クラスの深刻な安全性問題に関して真に危険性を立証するデータを有しているならば、むしろ国際舞台で発表することが研究者としての義務である。その義務を怠り、自分の言うことを信頼してくれる取り巻きのみに対して情報を発信し、その取り巻きが学校教育や行政関係者に圧力をかけるといったことがあるならば、それは許し難い暴挙である。催奇形性ばかりではなく、その他、人体への安全性や環境影響に関しての決定的な合成洗剤の有害性を示すことのできる研究者は、洗剤成分が世界で共通している以上、国際舞台で発表すべきである。

　合成洗剤追放運動の基盤研究者の一人、柳澤文正氏の著書『日本の洗剤その総点検』[1]には"この実験では、口から入ったABSは、60％以上血液に移行するものと考えられる成績である"と記している。このようなデタラメを通り越した数値をもとに合成洗剤反対が叫ばれていたので、合成洗剤反対派研究者は日本の学術界ではまともな研究者とは扱われない土壌が育ってしまった。しかし日本国内学会よりも国際学会の方が、従来の常識を覆す研究内容の場合には発表しやすい傾向にある。

　LASに関しての非難の中で、日本は軟水地帯で欧米は硬水地帯なので、日本ではLASは排除すべきであるというロジックが用いられる場合が多い。軟水地帯は日本だけではない。軟水地帯ではすべてLASを排除する方が地球環境にとって好ましいと判断できるならば、そのように国際舞台で発表すべき

である。周知の通り、日本は外圧に弱い。というよりは、悲しいことであるが、環境・安全問題に関しては海外の情勢をうかがいつつ、欧米諸国の後追いをするパターンが圧倒的に多い。日本でLASを排除することを真に目指すならば、国際的な学術レベルで軟水地域でのLASの排除の必要性を認めさせることが近道であり、実現の可能性も最も高いとも考えられる。

　また、LAS排除が地球環境にとってプラスになるものならば、日本だけでのLAS排除ではあまりにも視点が狭い。人体に対しての毒性で真に排除されるべき根拠があるのならば、たとえ硬水地域であろうとも合成洗剤は使用されるべきではなく、それこそ国際的に影響力のある学会等でその根拠を示すことによって世界的な排除運動を巻き起こしていくことこそが、人命に直結する分野の研究者としての使命なのではなかろうか。よって、合成洗剤を排除するに足る合成洗剤の有害性を示すデータを有している研究者は国際レベルの学会等で発表すべきだというのが筆者の心底からの望みであり、またそれが科学の世界での当然のルールであると認識している。

　しかし、日本の合成洗剤追放運動の根拠たる研究成果は国際学術レベルではほとんど発表されていない。合成洗剤の危険性を主張した研究結果は主として一般消費者向けの著書や消費者団体のパンフレット等で発表されたものが大部分を占めているが、これらのデータは学術レベルでいえば価値がゼロである。具体的にいえば、学術データベースに登録されておらず、大学図書館等での文献複写もできず、その信頼性を保証する主体がないといった情報は、特に理化学分野では無価値であると判断される。

　科学研究分野での学術誌には暗黙の階層が存在する。国際的学術誌がその頂点となっており、国内外の種々の学会の発行する学術誌がそれに続く。これらに共通するのは掲載されるオリジナルな論文が学会の権威のもとで審査され、その審査をパスしたもののみが掲載されるというシステムをとっているところにある。それは、決して掲載された論文に示された結論に絶対的真理が存在することを保証するというのではなく、その発想や論理展開に個性

があり、方法論的にも著しい飛躍や矛盾がないことを保証するものである。また論文掲載後も国際誌と呼ばれるものほど世界中の多数の関係研究者にその論文についての評価を受けることになり、場合によっては既発表の論文についての訂正論文が後に発表されることもある。

　ただし、学会の権威を保つためにも捏造されたでたらめなデータを掲載することなどは避けるため、査読の段階で特に実験方法についての厳しいチェックを受ける。よって、査読付きの学会誌に掲載された科学論文については、その理論展開はともかく、記載された実験方法のもとで得られたデータ自体については信頼されるものとして判断されることが多い。理系研究者の業績を評価する場合、これらの学会誌での論文掲載を中心として評価することが一般的なので、必然的に理系研究者は学会誌での論文発表を最優先する傾向がある。特に欧米の学会を中心とした英語の学術誌は、それぞれの分野の国際的リーダーの立場の多数の研究者によって支えられてそれだけ権威も高い場合が多いので、研究業績としても高く評価されることになる。

　また、同一分野の日本人研究者はその英文をさほど苦にせず読むことができ、英文で記述すれば世界中の同一分野の研究者に細かい内容を伝えることが容易になるので、日本国内の学術誌でも英文が掲載されることも多い。また同一の国内誌でも英文が和文よりもやや高く評価される傾向もある。このように、理系研究者が研究結果を発表する場合、学会誌、特に国際的に名の通った学会誌に英語で発表することを第一とするのが一般的であり、それら学会誌に掲載された内容が信頼性も高く、影響力も大きい。

　ここで注意すべき点は、いわゆる発表と一言で括っても、学会誌等の印刷物としての発表と、学会の年次大会における口頭発表やポスターセッション等の学会発表に分けられるということである。新聞等ではむしろ口頭発表等の学会発表が取り上げられることが多いが、実はこの口頭発表はほとんどの場合、業績として全く評価されないものである。学会の年次大会等で口頭発表した後、学会に論文を投稿するというのが研究発表の手順としては一般的

である。学会への論文掲載が最も価値の高い発表であるという点から、非常に重要で価値のある研究は、当然学会誌への掲載が目指され、最低限、紀要等の形で印刷物として公表する。口頭発表のみを行ったがその後印刷物として発表されなかった研究は、研究者自身がさほどの価値を認めなかった研究成果である場合、研究方法等の点で学会レベルで通用しない欠陥を有する場合、ほぼ同一内容の研究を他者に先に発表されてしまった場合（＝オリジナリティがない場合）、または関連学会が論文の学術的レベル以外の何らかの理由により掲載を拒否してきた場合等である。ただし、無数に存在する学会のすべてが学術的レベル以外の理由で特定の研究の掲載を拒否するといったことは考えにくい。

　発表の方法として特に一般の学会誌以外に審査の過程を経ないものもある。大学や研究所の紀要や報告書の類がそれに相当する。主催機関内での掲載可否の判定を行う場合もあるが、いわゆる学会レベルの審査は行われない。格付けからすると学会誌よりも一段低くみられることが一般的で、物理や化学等の関連学会が十分に多く存在する分野では業績として全く評価しないといった場合も珍しくない。ただし、一般的に学会誌の論文にはオリジナリティが要求される場合が多く、地道なデータ集的研究は掲載され難いので、そのようなデータの発表の場として紀要や報告書が利用される場合もあり、消費者情報の元情報としてはむしろ学会誌よりも価値あるものも多い。また、当然学会として成立していない新分野の研究では、各種紀要等が貴重な発表の場を提供することになる。これらの紀要・報告書類では、その母体となる機関の権威が唯一の内容保証的意味合いを持つことになるので、公的機関が母体となったものがより高く評価されるといった機関自体の評価が発表内容評価へと結びつく。

　学会誌に比較して発表内容の自由度がきわめて大きいために、一般にはそこから導き出された結論を学会誌に掲載されたものと同程度には扱われない。ただし、学会レベルでも活躍する人材を有する機関の、ある種の分析デ

ータ等の特定の分野のオリジナルデータは貴重な資料として尊重される。また、その論文や報告書のコピーが研究者レベルで入手することが比較的容易であることも尊重されるデータとしての必要条件となる。

　第三者が入手することが比較的容易であるという点は非常に重要で、合成洗剤の毒性をめぐる論議において催奇形性のみに論議が集中した理由に関連する。実は催奇形性のみが三上美樹元三重大学長の解剖学研究室紀要等の中で公表されていたが、それ以外の論点の根拠となる研究は学会誌はおろか、大学紀要や権威のある機関の報告書等にも発表されず、主として口頭発表の内容が新聞を通して公表されただけであったためだ。そのため、催奇形性のみが世界的に注目を集めて、催奇形性の世界的権威が興味を示して追試し、他の種々の関連研究結果と総合的に判断して、三上グループの催奇形性実験は間違っているという判定が下されたのである。

　肝臓障害や発ガン性に関しては、日本発の消費者関連の情報環境を除いて世界中で合成洗剤の実用レベルでの有害性を示す情報は存在しない。また、発ガン補助性に関しては、一般消費者を対象とした書籍等の中で、その危険性が実験的にも理論的にも証明されたごとく説明されている場合が多いが、実は界面化学のごく基本を習得していれば、実験の条件や理論が実用レベルには全く当てはまらないことが理解できる。実用レベルでの発ガン性・発ガン補助性に関する試験結果もあるため、専門家レベルでは問題視されていない。過去に示された日本発の合成洗剤についてのネガティブ研究は催奇形性に関するものだけであるといってもよく、しかもその研究は国際学会レベルで否定されたというのが実状である。

　なにも超一流の国際学会の発行する学術誌に掲載された研究以外は認められないというのではなく、国内外を問わず学会として認知されている団体の発行物や、大学や研究所の発行する紀要や報告書等を含めて論議の対象となる研究は印刷物の形で公表されていなければならない。そして、理化学分野の研究者はその事実を十分に認識しているのである。国際的学術レベルで認

知されていない合成洗剤有害論は信じるに足らない「噂」レベルの情報として判断すべきであり、決して行政・教育関係者等がその情報によって公的業務にかかわる方針や計画を左右されるべきではない。

4　情報の表現上の問題点

1　ビジュアル情報のあり方

　三上のとった方法の中で特徴的なものに、ビジュアル情報によってその毒性等を訴えたという点が挙げられる。具体的にはラットの胎仔写真を多用しての実験結果説明を行ったわけであるが、一般消費者にはどのように捉えられたか疑問である。素人相手にはグロテスクな胎仔写真として捉えられ、むやみに恐怖心を煽り立てたということはないであろうか。このパターンはそのまま坂下等に引き継がれ、生活クラブ生協等における消費者教育の中の合成洗剤有毒説の根拠として用いられている。しかし、イメージ戦略としての教育手段には問題がある。

　合成洗剤追放論の中で、合成洗剤メーカーによるコマーシャル攻勢が批判の的となることが多いが、具体的には繰り返しメッセージによるイメージ戦略と実際の洗濯物ではあり得ない真っ白な洗い上がり（消費者団体からは新品を使っているとの情報）を見せるという方法が槍玉にあがる。イメージ戦略自体が非難されるべきものであるか否かは判断の分かれるところであるが、消費者にはそのイメージ戦略によって過度に惑わされないよう冷静な判断力が要求され、そのような判断力を含んだ情報処理能力を養う消費者教育が望まれると主張されている。確かに、消費者教育として情報に振り回されない冷静な対応を心がけることを指導することは非常に有意義なことである

と考えられる。

　合成洗剤追放運動は、そのほとんどが消費者運動の一部として展開されているが、今後求められる情報処理能力を高める消費者教育もまた消費者運動とリンクして行われることになるであろう。よって、消費者運動に関わる情報には、正確であること、誤解を招かないこと、誇張のないこと、必要な情報が含まれていることといった情報の質を高めることが要求される。そういう状況下で、その消費者団体自体が、もしもイメージ戦略を利用して不正確な情報を一般消費者に信じ込ませているとしたならば非常に憂慮されるべき事態となる。

　実際、TVコマーシャルでの衣料用洗剤の洗い上がりの白さの強調と一部の合成洗剤有害写真を比較したならば、後者の方が悪質であると判断できる。前者では消費者のほとんどすべてはその白さの不自然さを認識している。これは、ある風邪薬を飲んだ瞬間に風邪の症状がなくなるCMからそのような即効性を期待しないこと、美人俳優と言われる人物の宣伝する化粧品・美容方法を採用することによってその俳優並の外観に変化することを期待しないこと、著名なプロスポーツ選手がCMの中で推薦する特定の食品・飲料を摂取することによって著しく運動能力が高まるといったことを期待しないことと同様の次元である。最高に美味であるという宣伝の食品に対しては、「味に関しては多少はましなのか？」程度にコンバートする回路が日本のほとんどすべての消費者には備わっている。つまり、洗剤の真っ白の洗い上がりCMに関しても、ほとんどすべての消費者はマスコミ上のいわゆる「洒落」の1つとして理解している。

　一方、坂下の電顕写真による毛髪比較[2]は合成洗剤シャンプー使用者の傷んだ毛髪と石けんシャンプー使用者の傷んでいない毛髪、それぞれ数名のサンプルを比較し、合成洗剤シャンプーの有害性を主張している。そこには統計的な背景等は一切示されていない。いや、統計的な裏付け等示せるはずがない。実際、我々が駅前等で歩く人々の毛髪チェックを行い、その中の健康

な毛髪を有する人を集めたところ、その大部分が石けんシャンプー使用者であったというようなことがあり得るかどうか、少し考えてみればわかることである。毛髪に及ぼす種々多様な影響の中で、合成界面活性剤の含まれたシャンプーを使用することによる影響が、当該の電顕写真で示されているほど大きいといったことは絶対にあり得ない。すなわち、当該電顕写真は、内容的には「洒落」のレベルなのである。しかし、こちらは洗濯後の真っ白衣料と同レベルの「洒落」として一般消費者から認識されるであろうか。洗い上がり真っ白テレビコマーシャルにはムキになって反発しながら、合成洗剤によって毛髪がボロボロになるという写真に対しては全く無防備に信じ込んでしまう者も合成洗剤反対派のグループの中には多数いるのではなかろうか。

　三上の用いたビジュアルデータによる毒性主張は、このように消費者団体等の不適当なイメージ戦略を活性化することにつながり、情報化社会に対応した消費者運動にとっては好ましくない情報環境を形成してしまった。これらのイメージ戦略による合成洗剤反対キャンペーンを支持する者には次の問いかけに耳を傾けていただきたい。「同様の手法を悪質業者が利用して消費者被害が生じた場合、あなたはその業者のどういった点を非難するのですか？その憎むべき手段をあなたは別の場面で支持していることに気づきませんか？」

2　文章表現上の問題点

　洗剤の毒性に詳しい研究者のA氏に研究とは縁のないB氏が合成洗剤の毒性について質問し、次のような会話が交わされたと想定しよう。

　　A（1）：「収集可能な過去に報告された学術文献・報告書のレビュー作業を行った結果、通常の使用範囲内では現在用いられている合成洗剤には何ら毒性は認められませんでした」

B (1)：「じゃあ合成洗剤は絶対安全だと断言できるんですね」
A (2)：「そのような断言はできません」
B (2)：「安全と断言できないということは危険性があるということじゃあないんですか」
A (3)：「危険性は認められませんでした」
B (3)：「あなたの言っていることは支離滅裂で訳がわからない」
A (4)：「‥‥」

　A氏の4番目の発言、というよりは心の中で思ったことは何であろうか。「私は支離滅裂なんだろうか」と自分自身を反省する者等1人もいない。「説明が下手で申し訳ない」等と考えるのは洗剤メーカーの消費者教育担当者くらいのもので、その他はB氏を能力不足でありながら手を広げる厄介な人物と捉え、もう二度とお目にかかりたくないと思うことだろう。一方、逆にB氏はA氏を能力のない人物だと判断するだろう。場合によっては自らが専門家をも打ち負かす論客であると勘違いする場合もあろう。

　この場合、A氏の一番目の発言が洗剤の毒性についての情報を最も簡略化した形式で述べたものであって、それ以上に簡略化すると研究者として偽りの発言をしたことになる。せいぜい「通常の使用方法では、ほぼ安全であると考えてもよい」と言い換えることも可能ではあるが、「断言しろ」との要求に対抗できないという点ではA (1) と同様である。A氏の一番目の発言をそのまま理解できないならば、第三者に対して洗剤の毒性についての情報を提供することは控えた方がよい。必ずといってよい確率で、第三者に嘘を伝えることになるからだ。

　専門家から発信された情報を一般消費者が評価する場合、その表現をじっくりと吟味する必要がある。たとえば、「〜は催奇形性がある」、「〜の催奇形性が一般に認められている」、「〜の催奇形性を主張している者もいる」、「〜の催奇形性を否定することはできない」、「〜の催奇形性を完全に否定するこ

とはできない」等の違いについてである。これは、天気予報等に置き換えてみれば理解しやすい。「明日は雨です」、「明日は雨が降るでしょう」、「明日、雨が降る可能性もあります」、「明日、雨が降る可能性を完全に否定することはできません」の表現を比べてみよう。「明日は雨です」は台風が上陸しており、現在午後11時過ぎで土砂降り状態であり、その状態が大きく変化する可能性が全く考えられないときの天気予報に相当する。「雨が降るでしょう」は気象条件をはじめ、種々のデータを吟味した結果、雨が降る可能性が高いことを示す天気予報でのごく一般的な表現である。「雨が降る可能性もある」は雨が降らない可能性の方が高いが、雨が降る可能性も否定できないときに使う表現である。「雨が降る可能性を完全に否定することはできない」は天気予報等で使われる表現ではなく、種々のデータから雨の降る可能性はほとんど無いことがわかっているが、絶対に雨が降らないと断言できるのかと問われた場合の返答である。つまり、「明日はほぼ間違いなく晴れるだろう」と同様の内容を示し、天気予報等の間接的予測の場合には基本的に意味のない表現である。

このような表現の違いは科学的記述の中の重要な情報である。研究者はその情報の確実性の大小による表現の違いに対してもともと厳しい目を持つ者が多く、またそうではない場合にも指導教官による研究指導や学会論文投稿時の査読者によって徹底的に鍛えられる。しかし、研究者ではない者には、そのような細かい表現に対してそれほど敏感でない場合が多く、「LASには催奇形性があります」と「LASの催奇形性を完全に否定することはできない」とを同様に解釈する者が多い。

化学物質等の安全性に関していえば、あらゆる危険性を完全否定できることによって、初めて絶対的な安全性を主張することができる。しかし、実際にはあらゆる危険要素を取り出すことは不可能であり、また人体実験ができない以上、間接的予測に頼ることになるので、事実上、絶対安全はあり得ない。ある条件下での危険性を否定できることによって、その条件下での安全

性を導くことになる。洗剤に関しては「通常の使用方法のもとでは」がその条件に相当する。

　しかし、それでも「安全である」と断言することは専門家レベルではほとんどない。「通常の使用方法のもとでは危険性は認められない」や「通常の使用方法のもとでは、ほぼ安全であると考えてもよい」等の表現が用いられることが大多数を占める。それは、「通常の使用方法のもとでは」という条件を付けた上でも、あらゆる危険性を抽出して、その危険性を否定することが実際上不可能であるからだ。

　仮に何らかの毒性に焦点を絞って毒性試験を行ったとしよう。基本的に、人体実験はできないので、ラット、マウス、ウサギ、サル等を用いた動物実験が行われることになる。この時点で厳密に人間に対しての安全性を保証することは不可能となる。また、仮に動物実験を人間に当てはまることを許容しても、発ガン性等にみられるような10万人に1人の危険性というものは実験的に証明することが物理的に不可能となる。発ガン物質であれば高濃度条件下で得られた結果を基に、種々存在する計算式の中から適当なものを選択し、それに当てはめて10万人に1人が実際あり得る低濃度での条件下の発ガン性を求めることになっている。そこでも間接的な予測が入り込む。つまり、商品に関して絶対安全を保障することは物理的に不可能なのである。

　実は、合成洗剤反対運動をめぐる混乱の原因として、これらの表現に関連した情報伝達に関わる問題が一般に予想されるよりも大きかったのではないかと考えられる。

3　専門家情報と消費者情報の隔たり

　ここに、Binghamの蛍光増白剤の発ガン性に関する論文を例に挙げて消費者情報の実状をみてみることとする。蛍光増白剤の発ガン性の根拠として取り上げられることの多い論文は"Combined Action of Optical Brighteners and Ultraviolet Light in the Production of Tumours" [3] である。これは蛍光増白剤と紫外線の共同作用による催腫瘍性について示したものであるが、蛍光増白剤の発ガン性の指摘という形で一般消費者に必要以上の不安感を抱かせるということで問題となった。これは地上に達する太陽光線には存在しない条件下での実験であり、蛍光増白剤が実際に発ガン作用に寄与していることを表すものではないということが、Bingham自身の追試やUrbachの追試によって示されている[4]。平易にいえば、この研究を根拠に、蛍光増白剤の発ガン性を心配する必要はないということを、当該研究者本人が訴えたということになる。その点を念頭において、一般消費者レベルの蛍光増白剤の発ガン性に関する記述をみることとする。まずは、洗剤関連書籍から。

『あぶない無リン洗剤』"市販のザブ等の合成洗剤に配合されている蛍光増白剤は約0.5％。最もよくつかわれているのが、ジアミノスチルベン-ジスルホン酸とその誘導体。これには発ガン性の疑いがあります。"[5]

『合成洗剤　恐怖の生体実験』"蛍光増白剤はジアミノスチルベンゼン系という複雑な名前の化学物質で、これはかねてより発ガン性があると疑われているものなのです。"[6]

『合成洗剤はもういらない』"蛍光剤はジアミノスチルベン-ジスルホン酸系というものが日本でいちばん使われているが、この物質には発ガン性の疑いがあります。"[7]

『自然流「せっけん」読本』"蛍光剤というのは、発ガン物質である。"[8]

『大丈夫？合成洗剤Q＆A』"蛍光増白剤は合成洗剤の助剤として使われますが発ガン性や催奇形性の疑いがあるといわれています。"[9]

『たのしい手づくり教室24　手づくり石けん』"蛍光増白剤は、発ガン性が以前から指摘されています。"[10]

『地球を汚さない100の洗い方と自家製せっけん』"蛍光増白剤は発ガン性や催奇形性の疑いがあるため、ガーゼや脱脂綿、包帯、紙ナプキン等への使用が禁止されています。"[11]

『みんなでためす洗剤と水汚染』"蛍光増白剤は環境汚染と発ガン性の疑いが指摘される問題の成分です。"、"蛍光増白剤は発ガン性（西ドイツ、ビンガム氏、1971年）の疑いがもたれているのでガーゼ、脱脂綿、生理用品、チリ紙、トイレットペーパー等への使用を禁止されています。"[12]

また、洗剤問題に限らずに広く環境問題について取り上げた一般消費者対象書籍中の記述例を次に示す。

『地球と生きる55の方法』"蛍光剤は発ガンの疑いが持たれている化学物質です。成分表示を確かめて、蛍光剤を使っていない洗剤を選びましょう。"[13]

『台所からの地球環境』"蛍光増白剤には発癌性や催奇形性の疑いがあると言われている。"[14]

『子どもにできる地球にやさしい24時間』"発ガン性の疑いがあるLASや蛍光増白剤が使われている合成洗剤は、1990年には99万トンも生産されています。"[15]

『地球となかよく暮らす本』"蛍光増白剤は発ガン物質との疑いがあり、赤ちゃんの肌着等には禁止されているもの。"[16]

このように、一般消費者レベルの書籍の記述の中では蛍光増白剤の発ガン性を肯定的に捉えたものが多々みられる。森田氏の『自然流「せっけん」読本』を除いて蛍光増白剤の発ガン性を断定したものは見当たらないが、日本消費者連盟の『あぶない無リン洗剤』の第1刷[17]では次のような断定表現となっている。"市販ザブ等の合成洗剤に配合されている蛍光増白剤は約0.5％。最もよくつかわれているのが、ジアミノスチルベン-ジスルホン酸とその誘導体。これにはれっきとした「発ガン物質」です。"

第1刷では断定表現であるのに第10刷では「発ガン性の疑いがあります」との表現になっている。これは、第1刷以降のある時点で、蛍光増白剤の発ガン性についての否定的な情報を得たことを示しており、当然Binghamの追試についての情報も得たものと考えられる。断定的表現は現時点では明ら

かな間違いであり、情報を消費科学的に評価すると欠陥情報であると判断される。

一方で、「疑いがある」という表現ならば情報として許容されるかといえばそうでもない。確かに、最初のBingham論文から単純に蛍光増白剤の発ガン性を連想し、その後の訂正過程を知らずに疑いを持った者もいることであろう。また、その疑いを有した者の発する情報を得て蛍光増白剤の発ガン性に疑いを持っている者もいることであろう。その意味で「疑いが持たれている」との表現は正しい。ただし、通常は「蛍光増白剤には発ガン性の疑いがもたれている」との表現からは、「専門家の実験研究等によって、日常生活レベルにおいて蛍光増白剤が発ガン性を示す可能性が無視できないレベルではないかとの疑問がもたれている」という内容を連想するのであり、「専門家レベルでは決着したが、当初発信された情報（後に訂正された）によって蛍光増白剤に発ガン性があるのではないかと疑っている専門家ではない人たちがいる」とは決して連想しない。

蛍光増白剤を否定することが間違いであるというのではく、発ガン性を根拠とする点において問題がある。「合成化合物をむやみに使うのはやめよう」とか、「不自然な白さに魅力はない」等の理由で蛍光増白剤に対して否定的見解を述べるのは誰からも責められることではない。しかし、発ガン性を根拠にしての蛍光増白剤反対論は現時点では間違いであると判断できる。

第6章　地球環境問題と消費者

ここで、環境問題を図6－1のように捉えることとする。

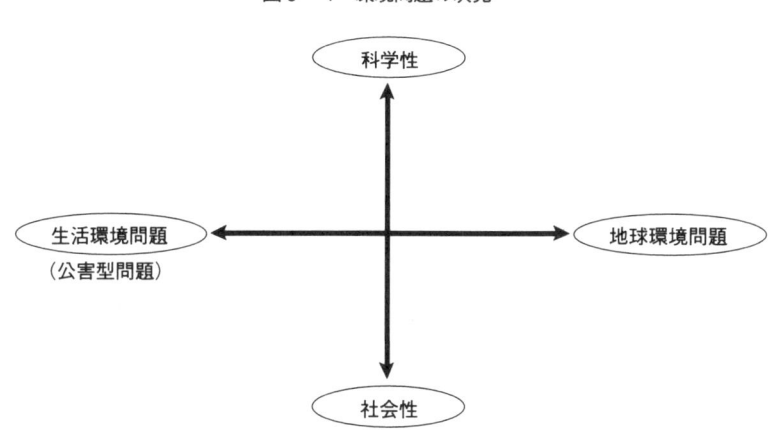

図6－1　環境問題の次元

```
              科学性
               ↑
               |
生活環境問題 ←——+——→ 地球環境問題
(公害型問題)    |
               ↓
              社会性
```

　環境問題と一言でいっても、その内容は地球の温暖化、熱帯雨林の減少、オゾン層の破壊、海洋汚染、エネルギー問題、上水道の汚染、大気汚染、公害病、振動、騒音、悪臭、ゴミ問題等の様々な問題が挙げられるが、従来の国内・地方レベルでの公害が最重要課題として捉えられていた状況から、地球規模での環境問題に配慮した消費生活への転換が求められる時代に移り変わってきたことが重要なポイントとなる。環境問題に関連して海外からは「日本人は自身の近辺の環境を大切にする一方で、地球規模の環境問題に対しては無頓着である」との批判の受ける場合が多い。公害型環境問題と地球環境問題の両者の差は特定地域における住民の健康や安全性を主体にした問

題と、地球を1つの系としてとらえた現状の環境維持という違いがある。当然、双方共に重要な問題であり、ある部分で相互に共通した問題解決過程を共有する。身近な河川に有害物質を垂れ流しにして、その水が海に流れ着き、分解されないまま広がり、ついには北極海や南極海までにも汚染が広がっていくといった過程がそれに相当する。

　一方で公害型環境問題の解決は地球環境問題の解決に結びつくかといえば決してそうではない。先進国の便利な生活は多少なりとも環境にとって有害な物質の発生によって成立しているが、その有害物を取り除いた安全な環境を維持しようとすれば、そこにはエネルギー投入型の技術が要求される。環境浄化のためとはいえ、エネルギー投入は地球環境レベルではマイナス要素となり、そのエネルギー消費量の大小が非常に重要なポイントとなる。有害物を取り除くことによって得られる地域的メリットと有害物を取り除くために要求されるエネルギー消費という地球環境への負荷を見比べて、両者のバランスのもとで対策を考えることが求められている。

　学校給食における合成洗剤から石けんへの切り替えを進める運動の過程において以下のような考え方があった。"石けんはお湯がなければ絶対に使えませんから、お湯を大量に供給できる設備が必要です。神奈川の合成洗剤対策委員会の答申では、お湯を使うので石けんはエネルギーと経済性で多消費型だといっていますが、しかし、問題はエネルギー経済性の比較で苦労をしているのではなく、安全性と環境汚染をどうなくすかであることを忘れないでいただきたいと思います。"[18]

　実は、今後求められるのはエネルギーや経済性を考慮した上での環境政策であって、上記引用文では神奈川県の合成洗剤対策委員会の意向に近い。小林の意見は公害型環境運動の代表的意見として捉えることができる。

　リスクマネジメントやLCA（ライフサイクルアセスメント）等の手法が今後の環境対策には求められる。実は石けんとLASを現段階で提案されているLCA手法で比較したならば、LASの方が石けんよりも優ることになる場合が

多い。一方で、他の有害化学物質との相互作用等でみるとLASの方が石けんよりもリスクが大きいといった結果が出てくる可能性も高いであろう。地球環境問題とは、実はそのような諸要素を総合的に判断することが求められる。AよりもBの方が良いからAを追放せよというのではない。地域性やそのときの社会情勢等を考慮してAとBのバランスを適宜決定することである。

　従来の公害型環境運動では、Aは使ってもよいものか悪いものかを判定し、悪いものは廃止するという○×思考によることが多かった。特に水俣病やイタイイタイ病等の公害病、発ガン性、催奇形性、等がマスコミで取り上げられると消費者は全員一致してその物質の排除を求めた。基本的にはその姿勢は正しく、DDT、PCB、AF_2等の有害物質が日本からは排除された。しかし、上水道に含まれる種々の有害物質に関する問題をきっかけに、絶対安全を保証することについての疑問が出されてきた。トリハロメタン等の発ガン性についての専門家レベルの意見がもとになっている。ある専門家が研究者が水道水中の発ガン物質を検出したとマスコミで発表したとする。その専門家は、水道水中の発ガン物質が多量すぎることを警告し、上水処理工程の改善等を求める意図があったに違いない。塩素殺菌による衛生面の向上を否定する意図はなかったであろう。しかし、一般消費者は単に水道水中の発ガン物質の存在に危機感を抱き、その発ガン物質の全面排除を求めた。その後の消費者リーダーから発せられる情報は水道水の危険性を強調するばかりで、発ガン性を有する物質は微量たりとも水道水中に含まれることは許されないとの論調である。塩素が悪者で、塩素の殺菌力が人類を滅ぼすといった趣旨である。このような状況で専門家の意志が反映されない形で「有害である」との結論のみがひとり歩きすることになる。

　ある物質の使用量を軽減するための運動と、その物質を排除するための運動とは全く異なる。軽減運動ではどの程度のレベルまで軽減するのが適当であるかという、データを裏付けとした科学的論議によって結論が導かれることになる。その物質に関するメリットとデメリットを突き合わせ、量的軽減

ばかりではなくデメリット減少のための工夫等も同時に考慮される。
　一方、排除運動では科学的データによる論議よりも、社会的な世論形成による行政機関等への圧力を増すことが優先される。実際、公害病による被害を振り返ったならば、科学的なデータの検討の結果を待つよりも、危険性が指摘された時点での素早い規制措置がとられているべきであったと考えるのが一般消費者として自然である。そのため、有害論が出現したならば、その有害性を誇張して広く伝え、その有害物の追放についての全国的世論を形成することが、消費者運動として正当であると評価される。
　合成洗剤追放運動も軽減運動ではなく典型的な排除運動である。1962年の柳澤兄弟による合成洗剤の毒性指摘は、当時の未完成の消費者保護体制のもとでは、合成洗剤追放運動を引き起こすのに十分な契機となった。現在も合成洗剤追放運動が残っているのは、当時の消費者リーダーの発した極端な合成洗剤の有害性を指摘した情報を、消費者リーダーまたは消費者団体のメンツにかけて是正できないまま今日に至ったという側面がある。石けん推進派がLASの削減ではなくLASの排除に固執する根本的原因もまた、その中心メンバーが当初合成洗剤追放を訴えていたという経緯があり、LAS排除を引き下げるわけにはいかないという個人的あるいは組織的メンツによる部分が多少なりとも影響しているものと考えられる。
　排除される物質は、すでに実害が生じているものと、理論的または実験的に実害が生じてくる可能性が高いものに限られているというのが実状である。ほとんどの企業活動は営利活動であると共に、一方で多くの雇用者を家庭経済面で支えている。商品排除は時にメーカーに大損害を与え、経済不安を呼び起こす。故に、商品排除は相応の理由が明確でなければならない。
　携帯電話が普及しているが、その電磁波等の影響について必ずしも安全性は確定していない。家庭用TVゲームが児童の発達過程においてどのような影響を及ぼすかは明らかにされていない。エアコンの普及が人体に及ぼす影響について数世代にわたる研究を行ったという事例は聞いていない。新タイ

プの省エネ型電灯が人間の目に対して長期的にどのような影響を与えるのかは明確ではない。そしてそれぞれの商品に対して直感的に危険性を感じ取る研究者もいるかもしれない。しかし、排除のためには信頼性のあるデータや理論を示さねばならない。数名の研究者の直感によって排除されることが許される世の中ではない。一方で、フロンの規制にみられるように、環境への重大な影響が国際的に認められれば、産業界にきわめて甚大な損害が生じることが予想されても排除の方針が定まる。

　一部の自然回帰型の過激な環境運動論者は、そのような技術文明自体を否定するであろうが、筆者が論じているのは現実型の環境論である。経済社会に甚だしい混乱を導くような解決策は非現実的であるとして考慮対象とはならない。つまり、筆者のグローバルな視点は、人類の永存は不可能であっても、できる限り長く存続するよう努力し、その間、できる限り国際的平等性を保つべきであるというところにある。江戸時代型の生活に戻ることを理想とし、その一連の思考過程の中で合成洗剤追放運動を支持する者には、リオデジャネイロの「環境と開発に関する国連会議」を思い起こし、国際社会の中での日本の立場を考慮していただきたい。今後の環境政策におけるキーは開発途上国が握っており、そこに通用する理論を展開していかねばならない。

　そのような現実の社会次元では全く通用しない先進国内の富裕層間での「お遊び的環境論」はあくまでゲームとして楽しむべきもので、現実対応型の環境行動の足を引くものではない。日本に期待されているのは、その豊かさ故に生じる現実逃避型の空想論等ではなく、公害先進国としての地域型環境問題対策の方法論の供与と、環境対策資金の提供、そして地球型環境システムの提言とリーダーシップである。実現可能な環境対策と実現が不可能な空論との違い、それは正に、経済面の考慮が含まれているか否かという点にある。その経済面を考慮した現実型環境対策の中で、公平性を中心とした秩序保持のためにも合成洗剤のみに例外的に有害性の指摘があれば排除せよと

いう根拠はない。やはり、排除するに足る実害が生じているか、または排除するに足る有害性が実験的または理論的に認められた場合に限るべきである。現時点の種々の研究成果からはLASは排除されるべきものではないと判断できる。

　合成洗剤反対運動では、日本の消費者の、より安全な生活環境を保つという点が目的とされている場合が多い。現在使用されている洗濯用洗剤や台所用洗剤に含まれる合成界面活性剤は石けんに比較すると、確かに生体への毒性は相対的に高いものが多い。また耐硬水性のある合成界面活性剤は耐硬水性の劣る石けんに比して実際の河川・湖沼・内海等での魚毒性は高いと考えられる。よりグローバルな湖沼底部での無酸素化現象等への影響は除いて、直接的には石けんの方が合成洗剤よりも人体や身近な環境には優しい物質であるという評価も、相対的考察法からは成り立つことになる。

　しかし、絶対的評価によると、合成洗剤も基本的には安全性や環境への負荷といった点で合格ラインに達していると判断されることが学術研究レベルでは多い。洗剤原料の有効利用や国際的な原料配分等の視点からは油脂原料多消費型の石けんは合成洗剤に劣る。地球環境という次元からいえば、現状では石けんがより好ましい物質であるという判断は必ずしも成り立たず、国内全域での合成洗剤追放といった考え方は地球環境レベルでの視点を欠如した先進国のエゴイズムの現れと判断されても仕方のない状況にある。

　いずれにしても排除運動は、種々の環境負荷要因をどのようなバランスで調整していくべきかを考えていく地球次元での環境対策とは相容れない部分が多い。国民が環境政策決定に参加していくという理想を現実的なものとする上で、消費者レベルでも地球環境問題への対応手段を身につけておく必要がある。○×思考からバランス思考へ、そして個々の消費者が地球を1つの系として捉え、その中で日本の消費社会はどうあるべきかを考えるようになること、これが今後の消費者教育の中の最重要課題であると筆者は考えている。

本章の終わりに、地球次元からみた洗剤のあり方についての視点をいくつか示したいと思う。

(1) 原料の有効利用の観点から
　合成洗剤に含まれる界面活性剤も石油由来のものから植物油脂由来のものへと変化しつつある。その原料となる油脂から生成される界面活性剤量を比較すると、油脂由来の合成洗剤は石けんの4倍以上の効率となる（可能な洗濯回数での比較で）。

(2) 世界的な安全性の平等の観点から
　もしも石けんが安全だとするならば、その石けんを使うのはどの範囲の人々か。日本人すべてが石けんを用いるならば、ヤシ・パーム生産農園等を現在よりどの程度拡張しなければならないのか。そして、その「安全」な石けんをヤシ油生産国をはじめ、他の諸国も利用できるのか。以上の観点から安全性を主目的とした合成洗剤追放運動は、これからの国際社会で真に通用するのか疑問に思われる。

(3) 将来的な改良の可能性
　残念ながら石けんにはそれほど多くの改良点は存在しないように思われる。より衛生的な生活を国際的に共有するためには、より少量の原料でより効率的な洗浄力を発揮できる洗剤の開発が望まれる。石けん以外の洗剤を合成洗剤とするならば、合成洗剤の方に将来的な可能性が大きいことは明らかであり、合成洗剤追放という視点はあまりにも偏狭すぎるのではないだろうか。環境問題等の視点からは、むしろより少量で洗浄が可能で、生分解性が高く、安全性の高い洗剤の開発を望むべきではないだろうか。

(4) 石油／油脂原料のバランスより

　石油を原料に生産される LAS は確かに生分解性が相対的に低く、河川・湖沼に直接垂れ流すことは避けた方が良いという考え方もある。しかし、非常に高い効率で分解が可能な下水処理場の整備された地域で LAS を環境問題の視点から敵視するのは的外れではないだろうか。人口問題等がますます深刻になるアジア地域において、油脂原料のみに傾斜してしまうことには疑問が感じられる。洗剤の原料程度のものならば石油／油脂の消費バランスをとるための調節弁として日本が貢献してもよいのではないだろうか。

(5) セッケン純分 99％ の是非

　合成洗剤追放運動の流れの中で石けん純分が 97％ 以上、また 99％ 以上といった粉石けんが、「家族のために」、または「地球環境のために」といったキャッチフレーズと共に販売される傾向がある。石けんには従来から炭酸ナトリウムという非常に相性の良い助剤が知られている。洗浄効率を引き上げるばかりでなく、cmc（臨界ミセル濃度：有効な界面活性を作用させる最低濃度と考えてよい）を低下させて石けん純分の割合を減少させることができる。しかも、純分の高い粉石けんでも弱アルカリ性洗剤である場合が多い。同じ弱アルカリ性洗剤ならば石けん純分を抑えた炭酸ナトリウム入りの粉石けんの方が、また石けんの欠点を補うように少量の合成界面活性剤を配合した複合石けんの方が「地球」には優しいと考えられるのではないだろうか。純分の高い石けんの商法は悪質商法の一種、「安全です商法」の変化型であるとも考えられる。

おわりに

　以上のように、本書ではまず合成洗剤反対運動に関してその歴史的な経緯を説明し、また洗剤の安全性・環境影響についての情報の中で、消費者レベルではやや不足気味のものを説明し、最後に情報化、地球環境の2つのキーワードをもとに今後の消費者運動のあり方について提案を示した。

　筆者自身はもともと、大学の卒論研究で泡沫を用いた洗浄システムの開発というテーマで洗剤に接した後、洗浄力を高めるための物理化学的な研究を主体に行っていた。しかし、1990年に横浜国立大学の教育学部に採用された後、やや方向転換するようになった。それは、学校教育や生涯学習の場で筆者の専門分野に関連することで質問を受けたり助言を求められたりした話題のほとんどが、合成洗剤と石けんに関連することであったためだ。実は、それまで合成洗剤反対運動にかかわる話題にはノータッチであったし、そのような運動が1990年時点で残っているとは思いも寄らなかったのだ。洗浄関連の学会関係では、合成洗剤反対運動はすでに決着済みの問題であるとされ、勉強会等でも諸先輩方が過去の話題を懐かしむ際の、対象の1つでしかなかったためだ。

　しかし、実際の教育の現場等では合成洗剤ではなく石けんを使用することが正しいことであるとして種々の教育が実践されており、そこで廃油石けんの実習の方法に関しての助言が筆者に求められたりした。そのギャップに大きな衝撃を受けると共に、そこから洗剤論争に関する研究が始まっていった。真に正しい情報はどこにあるのか、そして何故にこのようなギャップが生まれたのか。

　ただ、筆者自身は合成洗剤擁護側の情報が主体の研究環境の中で育ったため、当初は石けん推進派の誤った情報に対しての問題意識が先行していた。当時収集していた合成洗剤反対論の情報がかなりレベルの低いものであった

ことも影響していた。そして、学校教育の中で「合成洗剤を使うような者は早死にする」といったことを児童・生徒に教えるような教員に対しては怒りを感じた。しかし、消費者レベルの情報を収集していく中で、圧倒的多数を占め、そしてその中に説得力のある内容が含まれる合成洗剤有害論に惹かれていき、本当に自分達はメーカーサイドの情報によって操作されているのではないかとも思った時期もあった。

　ちょうど筆者は「消費科学」という講義を担当し、その中で必然的に消費者教育、消費者運動、消費者団体、および消費者保護理念等についての理解を深めることができるようになった。そして、合成洗剤擁護でも石けん推進でもない全く中立の立場から、洗剤問題関連の各種情報を評価していくという作業に取り組むこととなった。そこから積み重ねてきた結果が本書である。

　幸いなことに筆者は洗浄の研究を行っており、石けんと合成洗剤の洗浄力比較といった部分に関する消費者情報は実体験や理論的背景をもとに評価することができた。実は、洗浄の専門家レベルでは石けんと合成洗剤のどちらか一方を有利に導く実験でもさほど困難なくやってのけることができるのだ。その観点から消費者情報を収集して判定した結果、合成洗剤反対派の情報の方が明らかに問題が多いことがわかった。それらは必ず石けんの方が本来の洗浄力は高く、蛍光増白剤でごまかされているといった主張がみられる。とにかく石けんの方が洗浄力が高いという結論が先にあり、その結論に相反する情報はすべて蛍光増白剤の影響であるとしてしまうわけである。洗剤メーカーサイドからは、合成洗剤の方が洗浄力がやや上回っているグラフと共に、両者の洗浄力の差はほとんどないと説明される。先述したように実験条件によってどちらを有利にもできるわけだが、より親切なのは洗剤メーカーサイドからの情報である。

　しかし、それらの石けんの優越性を唱える洗浄力関連の情報も、一般消費者にとっては大変な説得力を有する。そこで、毒性や環境影響についても元

文献等をたどって検討していくと、残念ながら合成洗剤反対を唱える情報のその大部分が誤りや誇張の積み重ねによるものであることが判明してきた。そして、そのレベルはもはや情報を対象とした新しい消費者問題の登場といえるものであると感じた。消費者保護体制を整えることに貢献してきた消費者運動が、今後の社会の高度情報化、地球環境問題の深刻化という流れの中で、新たな問題の火種を生み出してしまった。

　消費者運動の社会貢献度や消費者問題の歴史的背景を理解した上でも、消費者情報の質の問題点は許容範囲を超えていると思われる。特にその問題となる情報が、プライドを傷つけられたの者の個人的なやり返し手段であったり、自社商品を売り込むためのキャンペーンの一環であったり、または特徴あるパーソナリティを売り物にすべく活動している者の一種のパフォーマンスであったりだということが理解できるようになると、何とも耐え難い思いがした。

　しかし、消費者団体や学校教育関係者、またはその他一般の消費者の中で、仮にそれらの間違った情報に基づいて、さらに他者にその情報を広めたとしても責めを負う必要は全くない。自らも情報の被害者であるという認識の方が正しいであろう。それよりも、消費者として情報の価値観を高めることにより、洗剤問題等よりももっと重大な事項についての情報環境を整えていくことが望まれる。

　そのような目的で構想された本書であるが、では本書自身の情報の質はどうなのか、特に誤った情報は含まれていないのかと問われれば、本書の目的と矛盾しているようだが、ほぼ100％の確率で誤った情報が含まれていると言わざるを得ない。

　ただ、意図的に誤った情報を示すということは一切ないと断言できる。また、筆者自身は最重要ポイントだと認識していることであるが、第三者からの指摘等で情報の誤りが発覚した場合には、素直にその誤りを認め、何らかの形でその訂正についての情報を発信していきたいと思う。この洗剤問題を

はじめ、種々の消費者情報の問題は、そのような個人的なプライドや意地等の、消費者運動の存在意義からすれば全く無価値のゴミにも等しいことが原因になっている場合が少なくないと感じている。本書を通して、そのような個人的な都合で情報を適正ではない方向へ操作することが、悪質な商品を製造・販売するよりも、さらに悪質な行為であるといった価値観が生まれ、その消費者情報環境下で、よりグローバルな環境問題に対応できる消費者体制が整っていくことを望んでやまない。

　おわりに、本研究に用いた資料の一部は横浜市地域研究補助金により入手した。また本書は筆者の研究室で卒論研究や修論研究を行ってくれた多数の卒業生・修了生の助力を得たことによってはじめて完成できた。そして、㈱大学教育出版には本書発行の機会を与えていただくとともに、特に、佐藤守取締役出版部長には様々な面でお世話になった。心より感謝申し上げる。

文献一覧

【第1章　緒論】
1) 山田国広、『1億人の環境家計簿』、藤原書店、p.122 (1996)
2) Matsubaguchi,R., "The Function of Consumer Education in a Consumers' Co-operative", J. Family Resource Management Jpn., No.31, pp.47-55 (1996)
3) 大矢勝、舟木美保子、増田順子、渋川祥子、武藤安子、原田睦夫、鈴木敏子、金子佳代子、西村隆男、杉山久仁子、"消費者関連業務を対象としたリカレント講座の要求項目の分析"、国民生活研究、34, 1, pp.38-47 (1994)
4) 日本生活協同組合連合会、『水環境と洗剤』、日本生活協同組合連合会組合員活動部、p.11 (1997)

【第2章　合成洗剤論争の歴史的考察】
1) 荻野圭三、『合成洗剤の知識（改訂増補第四版）』、幸書房、p.182 (1981)［初版：1968］
2) 富山新一、『化学洗剤とその周辺』、南江堂、p.10 (1978)
3) 柳澤文正、山越邦彦、柳澤文徳、『合成洗剤の科学－白い泡の正体－』、学風書院、p.257 (1962)
4) 文献3) p.97
5) 日本中性洗剤協会、『日本中性洗剤協会二十年史』、20周年記念誌編集委員会編、p.43 (1983)
6) 文献5) p.69
7) 花王石鹸株式会社社会関連部、『洗剤問題大論争（内部資料）』、p.14 (1985)
8) 有吉佐和子、『複合汚染（上）（下）』、新潮社 (1975)
9) 柳澤文正、『日本の洗剤その総点検（第四版第3刷）』、績文堂 (1984)［初版：1973］
10) 柳澤文徳、『食品衛生の考え方』、日本放送出版協会 (1969)
11) 厚生省環境衛生局食品科学課編、『洗剤の毒性とその評価』、日本食品衛生協会 (1983)
12) 藤井徹也、『洗剤その科学と実際』、幸書房、p.199 (1991)
13) 日本消費者連盟、『あぶない無リン洗剤』、三一書房、p.70 (1980)、第1版第10刷 (1991)
14) 日本消費者連盟、『合成洗剤はもういらない』、三一書房、p.61 (1980)

15) 植松宏元、"繊維と洗剤（界面活性剤）並びに公害問題について"、繊維工学、Vol.44, No.9, pp.410-430 (1991)
16) 柳澤文正、『台所の恐怖（改訂版第5刷）』、オール日本社、p.30 (1971)［第1刷：1965］
17) 柳澤文徳、谷美津枝編、『集団給食と洗浄問題』、績文堂、日本消費者連盟頒布(1979)
18) 柳澤文徳、谷美津枝編、『石けんのすすめ：学校給食編』、績文堂、p.5 (1981)
19) 船瀬俊介、『だから、せっけんを使う』、三一書房 (1991)
20) 文献 13) p.72
21) 柳澤文正編著、『洗剤とまれ～草の根研究20年～』、績文堂、p.20 (1982)
22) 文献 3) p.53
23) 文献 7) p.117
24) 文献 7) p.43
25) 文献 9) p.209
26) 文献 16) p.3
27) 文献 9) p.192
28) 文献 9) p.210
29) 文献 9) p.196
30) 文献 9) p.189
31) 文献 11) p.21
32) 黒岩幸雄監訳、『界面活性剤の科学－人体および環境への作用と安全性－：米国石鹸洗剤工業会（S.D.A）報告書』、フレグランスジャーナル臨時増刊、No.3、p.39 (1981)
33) 東京都生活文化局消費者部、『洗剤・洗浄剤の安全性等に関する調査報告書』、p.95 (1994)
34) 文献 16) p.252
35) 文献 2) p.165
36) 文献 19) p.106
37) 文献 11) p.35
38) 文献 32) p.43
39) 井関治夫、三上美樹、"洗剤の催奇形性について"、三重大学医学部解剖学教室業績集、20, pp.119-142 (1972)
40) Mikami,Y., Sakai,Y. and Miyamoto,I., "Anomalies induced by ABS applied to the skin.", Teratology, 8(1), 98 (1973)
41) Palmer,A.K., Readshaw,M.A., and Neuff,A.M., "Assesment of the teratogenic potential of

surfactants, Part 1 LAS, ABS and CLD", Toxicology, 3, pp.91-106 (1975)など
42) Wilson,J.G. & Franser,F.C., "Handbook of Teratology, 1", Plenum Press, New York and London, p.371 (1977)
43) 文献11) p.56
44) 三上美樹、藤原邦達、小林勇、『図説洗剤のすべて（第13刷）』、合同出版、p.189 (1991)［第1刷：1983］
45) 三上美樹、藤原邦達、小林勇、『洗剤の毒性と環境影響』、合同出版 p.145 (1986)
46) 文献7) p.38
47) 文献21) p.60
48) 文献44) p.271
49) 日本生活協同組合連合会、『水環境と洗剤』、日本生活協同組合連合会組合員活動部、p.11 (1997)
50) 生活協同組合市民生協コープさっぽろ、『コープさっぽろ30年の歩み－コープさっぽろ30年史－』、生活協同組合市民生協コープさっぽろ、p.88 (1995)
51) 生活クラブ連合会、『せっけん便利帖（7刷）』、VACATION, p.61 (1994)［1刷：1992］
52) 文献44) p.291
53) 三上美樹、藤原邦達、小林勇、『合成洗剤 汚染の実態と安全性の追求』、合同出版、p.135 (1978)
54) 藤原邦達、小林勇、『洗剤汚染』、合同出版、p.51 (1975)
55) 小林勇、『よくわかる洗剤の話（第15刷）』、合同出版、p.116 (1992)［第1刷：1988］
56) 小林勇、『やっぱりドラム式洗濯機にきめた』、合同出版、p.18 (1993)
57) 小林勇、『非イオン系合成洗剤 その生体毒性と環境影響』、合同出版、p.83 (1995)

【第3章 洗剤の人体への毒性】
1) 黒岩幸雄監訳、『界面活性剤の科学－人体および環境への作用と安全性－：米国石鹸洗剤工業会(S.D.A.)報告書』、フレグランスジャーナル臨時増刊、No.3 (1981)
2) 厚生省環境衛生局食品科学課編、『洗剤の毒性とその評価』、日本食品衛生協会 (1983)
3) Swisher,R.D., "Exposure levels and oral toxicity of surfactants", Arch. Environ. Health, 17, pp.232-246 (1968)
4) Buehler,E.V., E.A.Newman and W.R.King, "Two-year feeding and reproduction study in rats with linear alkylbenzene sulfonate (LAS)", Toxicol. Appl. Pharmacol., 18, pp.83-91 (1971)
5) 千葉昭二、"Linear alkylbenzene sulfonateの急性毒性並びに慢性毒性に関する研究"、食衛誌、13, 6, pp.509-516 (1972)

6）小林博義、市川久次、藤井孝、矢野範男、紺野敏秀、平賀興吾、中村弘、渡辺悠二、三村秀一、"合成洗剤の毒性に関する研究(1)直鎖形および分岐形アルキルベンゼンスルフォン酸ナトリウムの急性毒性について"、東京都立衛生研究所研究年報、24、pp.397-408 (1972)

7）神奈川県衛生部、"合成洗剤安全性試験中間報告Ⅰ 急性毒性試験 昭和55年11月" (1980)

8）伊藤隆太、川村弘徳、張漢珣、工藤清、梶原三郎、樋田普、関康弘、橋本光也、福島明、"直鎖アルキルベンゼンスルホン酸マグネシウム（LAS-Mg）の急性、亜急性、慢性毒性"、東邦医学会雑誌、25, 5-6, pp.850-875 (1978)

9）桑野綾子、山本信之、井上清、浜野米一、小田美光、光田文吉、国田信治、"市販洗剤の毒性に関する研究（第2報）－急性毒性試験－"、大阪府立公衛研究所報食品衛生編、7, pp.137-140 (1976)

10）国田信治、"洗剤の生体影響"、「環境科学」研究報告書、B73, R20-4, pp.59-68 (1981)

11）東京都生活文化局消費者部、『洗剤・洗浄剤の安全性等に関する調査報告書』(1994)

12）Hopper,S.S., Hulpieu,H.R. and Cole,V.V., "Some toxicological properties of surface-active agents.", Journal Amer.Pharm.Assoc.Sci., 38, pp.428-432 (1949)

13）Gale,L.E. and Scott,P.M., "Apharmacological study of a homologous series of sodium alkyl sulfates.", J.Am.Pharmaceut.Assoc., 42, pp.283-287 (1953)

14）Gloxhuber,Ch., "Toxicological properties of surfactants.", Arch.Toxicol., 32, pp.245-270 (1974)

15）原三郎、平山八郎、"洗剤基材の毒性の有無に関する研究、ことに新合成洗剤用高級アルコール、Oxocol-1215の刺激の有無についての検索"、東京医科大学雑誌、27, pp.379-397 (1969)

16）Walker,A.I.T., V.K.H.Brown, L.W.Ferrigan, R.G.Pickering, and D.A.Williams, "Toxicity of sodium lauryl sulphate, sodium lauryl ehoxysulphate and corresponding surfactants derived from synthetic alcohols", Fd.Cosmet.Toxicol., 5, pp.763-769 (1967)

17）Arthur D. Little Inc., "Human safety and environmental aspects of major surfactants.", A report to the Soap and Detergent Association., pp.206-368 (1977)

18）Tomiyama,S., Takao,M., Mori,A. and Sekiguchi,H., "New household detergent based on AOS.", J.Amer.Oil.Chem., 46, pp.208-212 (1969)

19）Brown,V.K.H. and Muir,C.M.C., "The toxicities of some coconut alcohol and Dobanol 23 derived surfactants.", Tenside, 7, pp.137-139 (1970)

20）Smyth,H.F.Jr., Seaton,J. and Fischer,L., "Some phrmacological properties of the 'Tergitol'

penetrants.", J.Ind.Hyg.Toxicol., 23, pp.478-483 (1941)
21) Smyth,H.F.Jr., Carpenter,C.P., Weil,C.S. and King,J.M., "Experimental toxicity of sodium 2-ethylhexyl sulfate.", Toxicol.Appl.Pharmacol., 17, pp.53-59 (1970)
22) Epstein,S., Throndson,A.H., Dock,W. and Tainter,M.L., "Possible deleterious effects of using soap substitutes in dentrifrices.", J.Am.Dental Assoc., 26, pp.1461-1471 (1939)
23) Carson,S. and Oser,B.L., "Dermal toxicity of sodium lauryl sulfate.", J.Soc.Cos.Chem., 15, pp.137-147 (1964)
24) Benke,G.M., Brown,N.M., Walsh,M.J. and Drotman,R.B., "Safety testing of alkyl polyethoxylate nonionic surfactants. I. Acute effects.", Fd.Cosmet.Toxicol., 15, pp.309-318 (1977)
25) Treon,J.F., "Toxicological aspects of cosmetic formulation-a synopsis.", Americal Perfumer, 77, pp.35-41 (1962)
26) Treon,J.F., "Physiological properties of selected nonionic surfactants", Proc.Sci.Sec. Toilet Goods Assoc., 40, pp.40-46 (1963)
27) Shick,M.J., Surfactant science series. Vol.1, Nonionic Surfactants., Marcel Dekker Inc., pp.927-929 (1967)
28) Soehring, K., K. Scriba, M. Frahm and G. Zoellner, "Contributions to the Phermacology of alkyl polyethylene oxide derivatives I.", Arch. Int. Pharmacodyn., 87, pp.301-320 (1951)
29) Zipf,H.F., Wetzels,E., Ludwig,H. and Friedrich,M., "General and local toxic effects of dodecylpolyethyleneoxide ethers.", Arzneimittel-Forschung., 7, 3, pp.162-166 (1957)
30) Brown,V.K.H. and C.M.C.Muir, "The toxicities of some coconut alcohol and Dobanol 23 derived surfactants", Tenside, 7, pp.137-139 (1970)
31) Tusing,T.W., O.E.Paynter, D.L.Opdyke and F.H.Synder, "Toxicologic studies on sdium lauylyl glyceryl ether sulfonate nad sodium lauryl trioxyethylene sulfate", Toxicol.and Appl.Pharmacol, 4, pp.402-409 (1962)
32) Walker,A.I.T., V.K.H.Brown, L.W.Ferrigan, R.G.Pickering, and D.A.Williams, "Toxicity of sodium lauryl sulphate, sodium lauryl ehoxysulphate and corresponding surfactants derived from synthetic alcohols", Fd.Cosmet.Toxicol., 5, pp.763-769 (1967)
33) Continental Oil Co., Ethyl Corp., Procter & Gamble Co., Stepan Chemical Co.の未発表データ
34) Arthur D. Little Inc., "Human safety and environmental aspects of major surfactants.", A report to the Soap and Detergent Association., pp.206-368 (1977)
35) Finnegan,J.K. and Dienna,J.B., "Toxicological observations on certain surface-active agents.",

Prodeedings of Scientific Section of the Toilet Goods Assoc., 20, pp.16-19 (1953)

36) Larson,P.S., Borzelleca,J.F., Bowman,E.R., Crawford,E.M., Smith,R.B.Jr. and Hennigar, G.R., "Toxicologic studies on a preparation of p-tertiary octylphenoxy-polyehoxy ethanols (Triton X-405).", Toxicol.Appl.Pharmacol., 5, pp.782-789 (1963)

37) Olson,K.J., Dupree,R.W., Plomer,E.T. and Rowe,V.K., "Toxicological properties of several commercially available surfactants.", J.Soc.Cosmet.Chem., 13, pp.469-579 (1962)

38) Smyth,J.F. and Calandra,J.C., "Toxicologic studies of alkylphenol polyoxyethylene surfactants.", Toxicol.Appl.Phamacol., 14, pp.315-334 (1969)

39) Oba,K. and Tamura,J., "Acute toxicity of n-alpha-olefin sulfonates.", Agr.Biol.Chem., 31, pp.1509-1510 (1967)

40) 大場健吉、森昭、富山新一、"直鎖α－オレフィンスルホン酸塩の生化学的研究（第2報）急性毒性、刺激性などの試験成績"、油化学、17, pp.628-634 (1968)

41) Webb,B.P., "AOS-New biodegradable detergent.", Soap & Chemical Specialties, November, pp.61-62 (1966)

42) Ogura,Y. and Tamura,J., "Pharmacological studies on surface active agents. 3. acute toxicity of household synthetic detergent, n-alpha-olefine sulfonate(AOS).", Ann.Rept Inst.Food Microbiol., 20, pp.83-87 (1967)

43) 北里大学薬害研究所、"テトラデセンのスルホン酸ナトリウムの急性毒性実験成績"、北里大学薬害研究所報告 (1968)

44) Gloxhuber,Chr., "Zur Toxikologie der Grundstoffe in Waschund Reinigunsmitteln.", Fette Seifen Anstricmittel, 74, pp.49-57 (1972)

45) 日本生活協同組合連合会、『水環境と洗剤』、日本生活協同組合連合会組合員活動部、p.3 (1997)

46) 奥山晴彦、皆川基、『洗剤・洗浄の事典』、朝倉書店、p.685 (1990)

47) ライオン家庭科学研究所、『安全性と環境：生活科学シリーズ5』（第二版1訂）、ライオン家庭科学研究所 (1993)

48) 北原文雄他編、『界面活性剤：物性・応用・化学生態学』、講談社 (1979)

49) 三上美樹、藤原邦達、小林勇、『図説洗剤のすべて（第13刷）』、合同出版 (1991)　［第1刷：1983］

50) 日本消費者連盟編、『合成洗剤の話』、三一書房、p.116 (1991)

51) 藤井徹也、『洗剤その科学と実際』、幸書房、p.192 (1991)

52) 花王生活科学研究所、『洗たくの科学』、裳華房 (1989)

53) 日本消費者連盟、『合成洗剤はもういらない』、三一書房、p.46 (1980)

54）森田光徳、『自然流「せっけん」読本』、農山漁村文化協会、p.96 (1991)
55）横浜市、『合成洗剤の安全性及び環境に及ぼす影響について』、横浜市、pp.15-16 (1983)
56）合成洗剤研究会、『新書版洗剤の事典』、合同出版、pp.18-23 (1991)
57）小林勇、『よくわかる洗剤の話（第15刷）』、合同出版、pp.59-61 (1992)［第1刷：1988］
58）合成洗剤研究会、『みんなでためす洗剤と水汚染』、合同出版 (1986)
59）三上美樹、藤原邦達、小林勇、『洗剤の毒性と環境影響』、合同出版、pp.204-222 (1986)
60）日本石鹸洗剤工業会、『合成洗剤の安全性に関する学術文献要旨集』、日本石鹸洗剤工業会 (1977)
61）科学技術庁研究調整局、『昭和48年度特別研究促進調整費等による合成洗剤に関する研究成果報告書』(1978)
62）科学技術庁研究調整局、『昭和37年度特別研究促進調整費 中性洗剤特別研究報告（各論1）－食品衛生上の問題－』(1963)
63）高橋昭夫、佐藤薫、安藤弘、久保喜一、平賀興吾、"合成洗剤及び直鎖型アルキルベンゼンスルホン酸ナトリウム（LAS）の催奇性について"、東京都立衛生研究所研究年報、26-2、pp.67-78 (1975)
64）東京都衛生局、"アルキルベンゼンスルホン酸ナトリウムの毒性に関する研究（抄録）"、昭和55年3月、pp.1-19 (1980)
65）文献54) p.66
66）林佳恵、根本悦子、天笠啓祐ほか、『子どもにできる地球にやさしい24時間』学陽書房、p.17 (1991)
67）高橋道人、杉浦浩、佐藤寿昌、"4-NQOによる胃腫瘍生成における界面活性剤の検討"、第28回癌学会総会記事、80 (1969)
68）高橋道人、杉浦浩、立松正衛、佐藤寿昌、"4-NQOによるラット腺胃癌生成のための新しい試み ── 飲料水混入法について ── "、第29回癌学会総会記事、47 (1970)
69）山本博加、"洗剤（アルキル硫酸ナトリウム、ポリオキシエチレンアルキルエーテル、カリ石鹸）の経皮発癌試験および発癌補助試験"、奈良医会誌、28、pp.307-327 (1977)
70）Fukushima,S., Tatematsu,M. and Takahashi,M., "Combined effect of various surfactants on gastric carcinogenesis in rats treated with N-methyl-N'-nitro-N-nitrosoguanidine.", Gann, 65, pp.371-376 (1974)
71）伊東信行、"合成洗剤用界面活性剤の安全性に関する研究、ショ糖脂肪酸エステルの

試験結果"、発癌補助作用、pp.96-99 (1981)
72) 文献 2) p.63
73) 花王生活科学研究所、『洗剤について ── 安全性と水質への影響 ── 』、花王生活科学研究所、p.9 (1992)
74) 岩田友和、『洗剤問題のゆがみを正す』、全国消費者連合、p.4 (1982)
75) 岩田友和、『洗剤問題のゆがみを正すパート 2』、全国消費者連合、p.8 (1984)
76) サンケイ新聞社国際編集室、『歪められた科学』、サンケイ新聞社、p.8 (1983)
77) 文献 57) p.55, p.63
78) 合成洗剤研究会、『よくわかる洗剤問題一問一答』、合同出版、p.38 (1991)
79) 坂下栄、『合成洗剤 恐怖の生体実験』、メタモル出版、p.21 (1992)
80) 日本消費者連盟、『合成洗剤はもういらない』、三一書房、p.17, p.47 (1980)
81) 三上美樹、永井広、坂井義雄、福島早苗、西野平、"マウス胚の発育におよぼす洗剤の影響について"、先天異常、9(4), p.230 (1969)
82) 永井淳夫、"マウス胚の発育に及ぼす洗剤の影響について"、三重大学医学部解剖学教室業績集、18, pp.61-74 (1970)
83) 石森直俊、三上美樹、"洗剤の催奇形性について"、三重大学医学部解剖学教室業績集、19, p.29 (1971)
84) 井関治夫、三上美樹、"洗剤の催奇形性について"、三重大学医学部解剖学教室業績集、20, pp.119-142 (1972)
85) 坂井義雄、西村弘子、今泉敏、西村昇、秋吉智、県勲、"妊娠中における合成洗剤の投与が母マウスの臓器におよぼす影響について"、三重大学医学部解剖学教室業績集、(22), pp.61-67 (1975)
86) 谷憲夫、"中性洗剤の催奇形性に関する再検討"、三重大学医学部解剖学教室業績集、(22), pp.1-4 (1975)
87) 和貝芳雄、"合成洗剤の経皮および皮下投与が胎児の形態形成におよぼす影響について"、三重大学医学部解剖学教室業績集、(22), pp.41-61 (1975)
88) 三上美樹、坂井義雄、岩田昭二、県勲、秋吉智、西村弘子、西村昇、今泉敏、"昭和 49 年度中性洗剤特別研究報告"、三重大学医学部解剖学教室業績集(24)、pp.39-50 (1976)
89) 三上美樹、岩田昭二、坂井義雄、今泉敏、西村弘子、北村小夜子、宮本勇、"合成洗剤の生体障害に関する研究、知見補遺（その 2）"、三重大学医学部解剖学教室業績集、(24), pp.63-68 (1977)
90) 三上美樹、永井義雄、"中性洗剤の皮膚塗布による奇形の誘発について"、先天異常、

9(4), pp.174-175 (1973)
91) Mikami,Y., Sakai,Y. and Miyamoto,I., "Anomalies induced by ABS applied to the skin.", Teratology, 8(1), 98 (1973)
92) 三上美樹、坂井義雄、"中性洗剤の生体障害性"、日本解剖学会第33回中部地方会、解剖学雑誌、49(2), p144 (1974)
93) 三上美樹、坂井義雄、岩田昭二、北村小夜子、宮本勇、県勲、秋吉智、今泉敏、西村昇、西村弘子、"昭和48年度中性洗剤特別研究報告"、三重大学医学部解剖学教室業績集(24), pp.1-38 (1976)
94) 三上美樹、岩田昭二、坂井義雄、今泉敏、西村弘子、北村小夜子、宮本勇、"合成洗剤の生体障害に関する研究、知見補遺（その3）"、三重大学医学部解剖学教室業績集、(24), pp.69-80 (1977)
95) Palmer,A.K., Lovell,M.R., Neuff,A.M., Readshaw,M.A., Cozens,D.D. and Roberts,C.N., "数種の陰イオン系界面活性剤および市販液状台所用洗剤の催奇学的研究"、第31回日本公衆衛生学総会、1972年10月（札幌）、日本公衛誌、19(10), No.349 (1972)
96) Palmer,A.K., Readshaw,M.A., and Neuff,A.M., "Assesment of the teratogenic potential of surfactants, Part 1 LAS, ABS and CLD.", Toxicology, 3, pp.91-106 (1975)
97) 高橋昭夫、佐藤薫、安藤弘、久保喜一、平賀興吾、"合成洗剤及び直鎖型アルキルベンゼンスルホン酸ナトリウム(LAS)の催奇性について"、東京都立衛生研究所研究年報、26-2, pp.67-78 (1975)
98) 塩原正一、今堀彰、"Linear alkylbenzene sulfonate（LAS）の経口投与による妊娠マウスおよび胎仔に対する影響"、食衛誌、17(4), pp.295-301 (1976)
99) 千葉昭二、""妊娠ラットへのLAS投与の胎仔ならびに新生仔に及ぼす影響そのⅡ、胎仔の骨格と新生仔の病理学的所見"、第33回日本公衆衛生学会総会講演集、pp.337 (1974)
100) 千葉昭二、"Linear alkylbenzene sulfonateの妊娠ラット、胎仔ならびに新生仔に及ぼす影響"、食衛誌、17(1) pp.66-71 (1976)
101) 小谷新太郎、千葉昭二、今堀彰、塩原正一、北川富雄、千葉裕美、柳田美子、山本和子、"妊娠ラットへのLAS投与の胎仔ならびに新生仔に及ぼす影響その1：妊娠母胎、胎仔および新生仔の発育について"、第32回日本公衆衛生学会、日本公衆衛生雑誌、20(10), No.165 (1973)
102) 浜野米一、山本博之、井上清、小田美光、桑野綾子、光田文吉、国田信治、"市販洗剤の毒性に関する研究（第4報）：胎児毒性（FLD50）について"、大阪府立公衛研究所報食品衛生編、(7), pp.147-152 (1976)

103）山本博之、井上清、浜野米一、小田美光、桑野綾子、光田文吉、国田信治、"市販洗剤の毒性に関する研究（第3報）：経口投与による催奇形性試験"、大阪府立公衛研究所報食品衛生編、(7), pp.141-145 (1976)
104）佐藤薫、安藤弘、湯澤勝広、平賀興吾、"合成洗剤の毒性に関する研究（Ⅲ）マウスの皮膚塗布による催奇形性試験"、東京都立衛生研究所研究年報、(24), pp.441-448 (1972)
105）東京都衛生局、"アルキルベンゼンスルホン酸ナトリウムの毒性に関する研究（抄録）"、昭和55年3月、pp.1-19 (1980)
106）枡田文八、岡本暉公彦、井上邦夫、"妊娠マウスに皮膚塗布されたLASの胎仔に及ぼす影響"、食衛誌、14(6), pp.580-582 (1973)
107）枡田文八、岡本暉公彦、井上邦夫、"妊娠マウスに皮膚塗布されたLASの胎仔に及ぼす影響"、食衛誌、15(5), pp.349-355 (1974)
108）Palmer,A.K. and Readshaw,M.A.、"直鎖型アルキルベンゼンスルホン酸ナトリウム（LAS）の胎仔毒性および催奇形性試験"、日本食品衛生学会第26回学術講演会、1973年11月（名古屋）、食衛誌、14(6), No.638 (1973)
109）Palmer,A.K., Readshaw,M.A., and Neuff,A.M., "Assesment of the teratogenic potential of surfactants, Part 3 Dermal application of LAS and soap.", Toxicology, 4, pp.171-181 (1975)
110）今堀彰、北川富雄、塩原正一、"妊娠マウスに皮膚塗布したLinear Alkylbenzene sulfonate (LAS)の妊娠母体および胎仔に及ぼす影響"、日本公衛誌、23(2), pp.68-72 (1976)
111）西村秀雄、亀山義郎、沢野十蔵、三上美樹、"LASの催奇性に関する合同研究（班長：西村秀雄）報告、合成洗剤の研究成果、合成洗剤に関する研究成果報告"、科学技術庁研究調整局編、pp.123-168 (1978)
112）Daly,I.W., Schroeder,R.E. and Killeen,J.C., "A teratology study of topically applied linear alkylbenzene sulphnate in rats.", Fd.Cosmet.Toxicol., 18, pp.55-58 (1980)
113）Inoue,K., Masuda,F., "Effect of detergents on mouse fetuses", J.Food Hyg.Soc.Japan, 17(2), pp.158-169 (1976)
114）中原正良、石橋正憲、浅尾努、塚本定三、品川邦汎、木下喜雄、山本博之、光田文吉、国田信治、"市販洗剤の毒性に関する研究（第1報）：塗布による催奇形性試験"、大阪府立公衛研究所報食品衛生編、(7), pp.131-135 (1976)
115）飯森正秀、井上駿二、矢野恭子、"皮膚塗布による洗剤の妊娠マウスへの影響（予報）"、油化学、22(12), pp.807-813 (1973)
116）枡田文八、井上邦夫、"妊娠マウスに皮下投与されたLinear alkylbenzene sulfonate

（LAS）の胎仔の発生および生後発育におよぼす影響"、先天異常、14(4), pp.309-318 (1974)

【第4章　洗剤の環境影響】
1) 日本水環境学会、『Q&A水環境と洗剤』、ぎょうせい、p.12 (1994)
2) 花王生活科学研究所、『生活科学の最新知識：環境安全性編』、花王生活科学研究所、p.29 (1992)
3) 日本生活協同組合連合会、『水環境と洗剤』、日本生活協同組合連合会組合員活動部、p.6 (1997)
4) 文献1) p.66
5) 東京都生活文化局消費者部、『洗剤・洗浄剤の安全性等に関する調査報告書』、東京都生活文化局消費者部 (1994)
6) 関口一、三浦千明、大場健吉、"河川中及び海水中におけるアニオン界面活性剤の生分解"、油化学、24, pp.451-455 (1975)
7) 三浦千明、山中樹好、三階貴男、吉村孝一、林信太、"界面活性剤の生分解試験への酸素消費量測定法の適用"、油化学、25, pp.351-355 (1979)
8) 伊藤伸一、節田節子、宇都宮暁子、内藤昭治、"化学物質の生分解試験に関する研究（第2報）"、油化学、28, pp.199-204 (1979)
9) 伊藤伸一、内藤昭治、畝本力、"好気及嫌気条件下における界面活性剤の究極的分解"、油化学、37, pp.1006-1011 (1988)
10) 三浦千明、西沢寛昭、"低溶存酸素環境における界面活性剤の生分解性"、油化学、31, pp.367-371 (1982)
11) 伊藤伸一、内藤昭治、畝本力、"好気条件下における界面活性剤の生分解性の比較"、衛生化学、34, pp.414-420 (1988)
12) 伊藤伸一、内藤昭治、畝本力、"嫌気条件下における生分解性試験方法とそのアルキル硫酸ナトリウムへの応用"、衛生化学、32, pp.101-109 (1986)
13) 伊藤伸一、内藤昭治、畝本力、"嫌気条件下における界面活性剤の生分解性の比較"、衛生化学、33, pp.415-422 (1987)
14) Urano,K. and Saito,M., "Biodegradability of surfactants and inhibition of surfactants to biodegradation of other pollutants", Chemoshere, 14, pp.1333-1342 (1985)
15) 吉村孝一、荒勝俊、林克己、川瀬次郎、辻和郎、"河川水中におけるLASおよび石けんの生分解性"、日本陸水学雑誌、45, pp.204-212 (1984)
16) 日本石鹸洗剤工業会、『石けん・洗剤Q&A（全改訂版）』日本石鹸洗剤工業会、p.93

(1994)

17) 菊池幹夫、"界面活性剤の生分解性および水生生物に対する毒性"、水環境学会誌、16, 5, p.302 (1993)
18) 小林勇、『非イオン系合成洗剤 その生体毒性と環境影響』、合同出版、p.22 (1995)
19) 植松宏元、"繊維と洗剤（界面活性剤）並びに公害問題について"''、繊維工学、Vol.44, No.9, pp.410-430 (1991)
20) 合成洗剤研究会、『よくわかる洗剤問題一問一答』、合同出版、p.48 (1991)
21) 奥山晴彦、皆川基、『洗剤・洗浄の事典』、朝倉書店、p.701 (1990)
22) 吉村孝一、"界面活性剤の水圏微生物に対する吸着性と生分解性"、用水と廃水、35, 2, p.113 (1993)
23) 東京都下水道局、"東京の下水道"、93, p.20 (1993)
24) 稲森愁平、高木博夫、高松良江、須藤隆一、"洗剤の発生量と環境への負荷とその生態系影響評価"、第27回日本水環境学会年次大会講演要旨集、p.494 (1993)
25) 稲森愁平、高松良江、"合成洗剤及び石鹸の排水処理に及ぼす影響"、水環境学会誌、16, 5, p.314 (1993)
26) 藤井徹也、"合成洗剤と環境問題"、産業公害、21, 9, p.746 (1985)
27) 吉村孝一、枡田文八、谷垣雅信、川上高弘、和田英俊、佐々木住明、"界面活性剤の活性汚泥に及ぼす影響"、用水と廃水、22, p.802 (1980)
28) 稲森愁平、細萱志保子、鈴木理恵、須藤隆一、"生物処理に及ぼす石けんおよび無リン合成洗剤の影響"、用水と廃水、25, p.1259 (1983)
29) きれいな水と命を守る合成洗剤追放全国連絡会、『びわ湖につづけ合成洗剤追放運動』、きれいな水と命を守る合成洗剤追放全国連絡会、p.125 (1979)
30) きれいな水と命を守る合成洗剤追放全国連絡会、『洗いなおそう私たちのくらし＜無リン洗剤も追放しよう＞』、きれいな水と命を守る合成洗剤追放全国連絡会、p.368 (1980)
31) 水と環境ホルモンを考える会編、『神々の警告 環境ホルモン解決への道に迫る』、バウハウス、p.54, p.114 (1998)
32) ひろたみを、『環境ホルモンという名の悪魔』、広済堂出版、p.16, p.18 (1998)
33) 『どうすればいい？環境ホルモン』、バウハウス、p.110 (1998)
34) 環境ホルモンを考える会編、『環境ホルモンから家族を守る50の方法』、かんき出版、p.41, p.148 (1998)
35) 小山寿、『環境ホルモンの正体と恐怖』、河出書房新社、p.91 (1998)
36) 大久保貞利、『環境ホルモンってなんですか？』、けやき舎、p.51, p.30 (1998)

【第 5 章　高度情報社会と消費者】
1) 柳澤文正、『日本の洗剤その総点検（第四版第 3 刷）』、繽文堂、p.196 (1984)［初版：1973］
2) 例えば、坂下栄、『合成洗剤 恐怖の生体実験』、メタモル出版、p.47 (1992)
3) Bingham,E., Flank,H.L., "Combined Action of Optical Brightners and Ultraviolet Light in the Production of Tumours", Food and Cosmetics Toxicology, 8, pp.173-176 (1970)
4) 化成品工業協会、『蛍光増白剤－安全性の知識』化成品工業協会、p.32 (1981)
5) 日本消費者連盟、『あぶない無リン洗剤 第 1 版第 10 刷』、三一書房、p.210 (1991)
6) 坂下栄、『合成洗剤 恐怖の生体実験』、メタモル出版、p.110 (1992)
7) 日本消費者連盟、『合成洗剤はもういらない』、三一書房、p.15 (1980)
8) 森田光徳、『自然流「せっけん」読本』、農山漁村文化協会、p.70 (1991)
9) きれいな水といのちを守る合成洗剤追放全国連絡会、『大丈夫？合成洗剤Ｑ＆Ａ』、ラジオ技術社、p.36 (1991)
10) 赤松純子、『たのしい手づくり教室 24　手づくり石けん』、民衆社、p.46 (1986)
11) 自然食通信編集部、『地球を汚さない 100 の洗い方と自家製せっけん』、自然食通信社、p.55 (1990)
12) 合成洗剤研究会、『みんなでためす洗剤と水汚染』、合同出版、p.22, p.25 (1986)
13) ガイアみなまた、『地球と生きる 55 の方法』、ほんの木、p.55 (1993)
14) 環境総合研究所、『台所からの地球環境』、ぎょうせい、p.59 (1993)
15) 林佳恵、根本悦子、天笠啓祐ほか、『子どもにできる地球にやさしい 24 時間』、学陽書房、17 (1991)
16) 上田三根子、庄司いずみ、庄野勢津子、『地球となかよく暮らす本』、ファンハウス、p.15 (1991)
17) 日本消費者連盟、『あぶない無リン洗剤 第 1 版第 10 刷』、三一書房、p.10 (1980)
18) 三上美樹、藤原邦達、小林勇、『図説洗剤のすべて（第 13 刷）』、合同出版、p.265 (1991)［第 1 刷：1983］

■著者紹介

大矢　勝（おおや　まさる）

1957年　神戸市生まれ
1982年　大阪市立大学生活科学部卒業
1984年　大阪市立大学大学院生活科学研究科修了（学術修士）
1984年　賢明女子学院短期大学専任講師
1989年　日本繊維製品消費科学会奨励賞
1989年　学術博士（大阪市立大学）
1990年　横浜国立大学教育学部　助教授（生活教育担当）
1997年　横浜国立大学教育人間科学部　助教授（自然環境講座：環境情報学担当）現在に至る

研究分野
○ 環境問題に関わる消費者情報の分析と同分野の生涯学習用のネットワーク環境整備
○ 環境配慮型洗浄技術・洗浄試験法の開発と洗浄関連研究のデータベース構築

合成洗剤と環境問題
―地球環境時代の消費者運動の指針として―

2000年4月10日　初版第1刷発行
2002年4月20日　初版第2刷発行

■著　者──大矢　勝
■発行者──佐藤　正男
■発行所──株式会社　大学教育出版
　　　　　　〒700-0951　岡山市田中124-101
　　　　　　電話 (086) 244-1268　FAX (086) 246-0294
■印刷所──サンコー印刷（株）
■製本所──日宝綜合製本（株）
■装　丁──ティーボーンデザイン事務所

© Masaru Oya 2000, Printed in Japan
検印省略　　落丁・乱丁本はお取り替えいたします。
無断で本書の一部または全部を複写・複製することは禁じられています。

ISBN4-88730-373-4